BERICHTE ÜBER DIE VERHANDLUNGEN DER SÄCHSISCHEN AKADEMIE DER WISSENSCHAFTEN ZU LEIPZIG

Mathematisch-naturwissenschaftliche Klasse

Band 101 · Heft 3

JOACHIM FOCKE

ASYMPTOTISCHE ENTWICKLUNGEN MITTELS DER METHODE DER STATIONÄREN PHASE

1957

AKADEMIE-VERLAG · BERLIN

Vorgelegt durch Hrn. HÖLDER in der Sitzung vom 12. Oktober 1953
Manuskript eingeliefert am 28. Oktober 1953
Druckfertig erklärt am 15. Dezember 1954

2. unveränderte Auflage
Erschienen im Akademie-Verlag GmbH., Berlin W 8, Mohrenstraße 39
Lizenznummer 202 · 100/393/57
Offsetnachdruck: VEB Druckerei „Thomas Müntzer" Bad Langensalza
Bestell- und Verlagsnummer 2027/101/3
Preis: DM 4,80
Printed in Germany

Einleitung

Bei der Untersuchung der Lichtverteilung in der Kaustik optischer Systeme besteht die Aufgabe, Integrale der Form

$$\iint_{\mathfrak{B}} g(x, y) \sin(\varkappa\varphi(x, y))\, dx\, dy, \qquad \iint_{\mathfrak{B}} g(x, y) \cos(\varkappa\varphi(x, y))\, dx\, dy$$

auszuwerten. Während nun für kleine Parameterwerte $\varkappa$, was dem Vorhandensein kleiner Bildfehler des Systems entspricht, dieses Problem durch Reihenentwicklung mehrfach im Angriff genommen und befriedigend gelöst ist, entstehen bei großen $\varkappa$-Werten prinzipielle Schwierigkeiten, da die Reihenentwicklungen wegen der immer schwächer werdenden Konvergenz praktisch versagen. Dieser Fall liegt aber bei optischen Systemen mit relativ großen Bildfehlern, wie etwa beim photographischen Objektiv und auch beim Elektronenmikroskop, vor und ist somit ebenfalls von großem physikalischem Interesse. VAN KAMPEN, ein holländischer Physiker des Kreises um Prof. Zernicke, hat deshalb für obige Integrale eine asymptotische Entwicklung bezüglich großer $\varkappa$ angegeben[1] und daraus für die Anwendung wichtige Ergebnisse gezogen. Er verwendet dabei die Methode der stationären Phase, welche bezüglich analoger Einfachintegrale auf KELVIN zurückgeht. Sie besagt: Der Wert vorstehender Integrale hängt bei großem $\varkappa$ im wesentlichen nur von den Stellen des Integrationsgebietes ab, an welchen die Phasenfunktion $\varphi(x, y)$ stationär ist. Im übrigen Gebiet bildet der Integrant wegen des großen $\varkappa$ schnell oszillierende Sinuswellen mit relativ langsam veränderlicher Amplitude, so daß sich seine Beiträge gegenseitig etwa aufheben.

---

[1] VAN KAMPEN, An asymptotic Treatment of Diffraction Problems. Physica **14**, 575 (1949).

Da aber VAN KAMPEN seiner Arbeit nur dieses heuristische Prinzip zugrunde legt und keinen mathematischen Beweis für den asymptotischen Charakter seiner Entwicklungen liefert, werden in einer englischen Besprechung[1] seine Ergebnisse mit Berechtigung stark angezweifelt. Es erscheint deshalb lohnend, dieses Entwicklungsproblem einer mathematischen Untersuchung zu unterziehen. Für Einfachintegrale ist die Methode der stationären Phase bereits von VAN DER CORPUT in mehreren Arbeiten behandelt worden[2]. Er gibt aber keine expliziten Entwicklungen nach einem Parameter an, sondern allgemeinere asymptotische Näherungen des Integrals im Falle, daß die Amplitudenfunktion $g(x,y)$ und die Phasenfunktion $\varphi(x,y)$ gewissen ziemlich komplizierten Abschätzungen genügen. Die Anwendung seiner Sätze auf spezielle Probleme erfordert deshalb mühselige Überprüfung der gemachten Voraussetzungen und ist Gegenstand zweier Dissertationen[3]. Eine Verallgemeinerung seiner Untersuchungen auf Doppelintegrale ist von VAN DER CORPUT schon 1934 angekündigt, aber bisher nicht durchgeführt worden. Da uns diese Arbeiten für eine solche Übertragung auch nicht geeignet erscheinen, wollen wir zunächst neue Entwicklungssätze für das Einfachintegral aufstellen. Diese liefern im Gegensatz zu VAN DER CORPUT sofort Entwicklungen nach fallenden Potenzen des Parameters unter sehr einfachen Voraussetzungen und dürften somit für viele Anwendungen wesentlich geeigneter sein. Vor allem ermöglichen sie aber eine leichte Verallgemeinerung auf Flächenintegrale.

---

[1] E. WOLF, The Diffraction Theory of Aberrations. Rep. Progr. Phys. **14**, 95—120 (1951).

[2] VAN DER CORPUT, Zur Methode der stationären Phase. I. u. II. Compositio Mathematica **1**, 15—38 (1934); **3**, 328—372 (1936).

—, Sur la méthode des points décisifs. Indagationes Mathematicae **1**, 135—142 (1939).

—, On the method of critical points. Indagationes Mathematicae **10**, 201—209 (1948).

[3] J. BIJL, Toepassingen van de Methode der stationnaire Phase. Diss. Groningen 1937.

H. P. DOPPER, Asymptotische Ontwikkelingen van de onvolledige Gammafuncties. Diss. Groningen 1942.

1. Einfachintegrale

Wir fassen die beiden in der Einleitung angeführten Integrale mittels komplexer Schreibweise zusammen und betrachten gleich einen etwas allgemeineren Integraltyp:

$$I = \int_{\xi_1}^{\xi_2} g(x)\, e^{-p\varphi(x)}\, dx \tag{1}$$

für zwei Fälle des komplexen Parameters $p = \varkappa e^{i \operatorname{arc} p}$, $\varkappa = |p| > 1$

Fall a) $\quad |\operatorname{arc} p| = \frac{\pi}{2}$

Fall b) $\quad |\operatorname{arc} p| \leqslant \vartheta < \frac{\pi}{2}.$

Fall a stellt das in der Einleitung skizzierte eigentliche Problem unserer Arbeit dar. Der Fall b läßt sich aber ohne zusätzliche Schwierigkeiten mitbehandeln, wobei unser Verfahren dann der bekannten Laplaceschen Methode entspricht. Dieses Nebeneinanderauftreten der beiden Fälle erscheint um so bemerkenswerter, als bei verschiedenen Anwendungen ebenfalls beide Fälle zugleich vorliegen und so mit der gleichen Methode erledigt werden können (s. Anwendungen S. 21). Für den Integranten machen wir noch folgende Voraussetzungen:

x sei eine reelle Variable, $\varphi(x)$ sei eine reelle für $\xi_1 \leqslant x \leqslant \xi_2$ unendlich oft differenzierbare Funktion, unabhängig vom Parameter p und an nur endlich vielen Punkten $x = \xi$ den sog. kritischen Punkten 1. Art, stationär mit:

$$\varphi'(\xi) = 0, \ldots, \varphi^{(\alpha-1)}(\xi) = 0, \quad \varphi^{(\alpha)}(\xi) \neq 0, \quad \alpha \geqslant 2.$$

α kann natürlich für jedes ξ einen anderen Wert haben. Als kritische Punkte 2. Art bezeichnen wir die Randpunkte ξ_1 und ξ_2. Sie können auch mit einem kritischen Punkt 1. Art zusammenfallen. $g(x)$ sei ebenfalls reell, unabhängig von p und in $\xi_1 \leqslant x \leqslant \xi_2$

unendlich oft differenzierbar mit eventueller Ausnahme der kritischen Punkte[1], an welchen schwache Singularitäten der Form

$$g(x) = \frac{1}{|x-\xi|^{\lambda}} \hat{g}(x), \quad 0 \leqslant \lambda < 1$$

vorliegen können.

$\varphi(x)$ und $\hat{g}(x)$ seien an den kritischen Punkten entwickelbar[2].

Im Falle b gelte zusätzlich:

$$\varphi(x) \geqslant 0 \quad \text{in} \quad \xi_1 \leqslant x \leqslant \xi_2 .$$

Unter diesen Voraussetzungen gilt dann der für die Methode der stationären Phase charakteristische

Satz I:

Der Wert des Integrals (1) ist für $p \to \infty$ asymptotisch gleich der Summe der Beiträge, welche das Integral in der Umgebung der kritischen Punkte erhält[3].

Beweis:

Wir führen zunächst die van der Corputsche Neutralisatorfunktion $N_\xi(x)$ ein, welche wir in wesentlich konsequenterer Weise zur Anwendung bringen werden, als das VAN DER CORPUT selbst getan hat.

Definition von $N_\xi(x)$:

$$\begin{aligned} &N_\xi(x) \text{ ist für alle } x \text{ unendlich oft differenzierbar,} \\ &N_\xi(x) = 1 \quad \text{für} \quad |x-\xi| \leqslant \varepsilon \quad \text{mit} \quad \varepsilon > 0 \\ &N_\xi(x) = 0 \quad \text{für} \quad |x-\xi| \geqslant \delta \quad \text{mit} \quad \delta > \varepsilon > 0 \end{aligned} \tag{2}$$

---

[1] Unter kritischen Punkten schlechthin seien im folgenden immer beide Arten zugleich verstanden.

[2] Diese Voraussetzung und auch die Forderung beliebiger Differenzierbarkeit könnte auch fallen gelassen werden (s. VAN DER CORPUT, loc. cit.). Die aufgestellten asymptotischen Reihen würden dann mit einem Restglied abbrechen. Hierin liegt ein grundlegender Unterschied zwischen der Methode der stationären Phase und dem verwandten Sattelpunktverfahren, welches einen analytischen Integranten erfordert. Da es uns aber vor allem auf die Übertragung unserer Methode auf Flächenintegrale ankommt, wollen wir zur Vereinfachung an obigen Voraussetzungen festhalten, zumal sie in praxi meist erfüllt sind.

[3] Eine analytische Formulierung der Behauptung ergibt sich am Ende des Beweises.

Dann muß auch gelten:

$$N_\xi^{(\nu)}(x) = 0 \text{ für } |x-\xi| \leq \varepsilon \text{ und } |x-\xi| \geq \delta \text{ und alle } \nu \geq 1.$$

Eine solche Neutralisatorfunktion kann mittels einer Hilfsfunktion $H(u)$ realisiert werden.

$$H(u) = \frac{\int\limits_u^1 e^{\frac{1}{v-1}-\frac{1}{v}}\,dv}{\int\limits_0^1 e^{\frac{1}{v-1}-\frac{1}{v}}\,dv}, \quad 0 \leq u \leq 1. \tag{3}$$

Sie ist unendlich oft differenzierbar in $0 \leq u \leq 1$ und nimmt die Werte an:

$$H(0)=1, \quad H(1)=0, \quad H^{(\nu)}(0) = H^{(\nu)}(1) = 0 \quad \text{für alle } \nu.$$

Dann ergibt sich $N_\xi(x)$ wie folgt:

$$N_\xi(x) = \begin{cases} 1 & |x-\xi| \leq \varepsilon \\ H\left(\dfrac{|x-\xi|-\varepsilon}{\delta-\varepsilon}\right) \quad \text{für} & \varepsilon \leq |x-\xi| \leq \delta \\ 0 & \delta \leq |x-\xi|. \end{cases}$$

Dies entspricht genau den Forderungen (2).

Wir bilden nun an jedem kritischen Punkt P_ξ eine solche Neutralisatorfunktion und wählen dabei δ so klein, daß sich die einzelnen δ-Intervalle nicht überdecken. Dann läßt sich das Integral (1) aufspalten.

$$\begin{aligned} &I = \sum_\xi \int\limits_{\xi_1}^{\xi_2} N_\xi(x)\, g(x)\, e^{-p\varphi(x)}\,dx + R \\ &\text{mit } R = \int\limits_{\xi_1}^{\xi_2} K(x)\, e^{-p\varphi(x)}\,dx, \quad K(x) = g(x)\left(1 - \sum_\xi N_\xi(x)\right). \end{aligned} \tag{4}$$

Die Summen sind dabei über alle kritischen Punkte, also auch die Randpunkte zu erstrecken. $K(x)$ ist im ganzen Integrationsintervall unendlich oft differenzierbar und verschwindet mit sämtlichen Ableitungen in den ε-Umgebungen der kritischen Punkte. Zur Abschätzung des Restgliedes R bilden wir eine Funktionenfolge:

$$K(x) = K_0(x), \quad K_1(x), \ldots K_\mu(x), \ldots$$

$$\text{(5)} \qquad \text{mittels } K_\mu(x) = \frac{d}{dx}\left(\frac{K_{\mu-1}(x)}{\varphi'(x)}\right).$$

Auch alle $K_\mu(x)$ verschwinden dann in den ε-Umgebungen der kritischen Punkte. Durch m-fache partielle Integration folgt deshalb:

$$\text{(6)} \qquad R = \frac{1}{p^m} \int_{\xi_1}^{\xi_2} K_m(x)\, e^{-p\varphi(x)}\, dx$$

für beliebig großes m. Das im Restglied auftretende Integral läßt sich abschätzen

$$\text{(7)} \qquad \left| \int_{\xi_1}^{\xi_2} K_m(x)\, e^{-p\varphi(x)}\, dx \right| \leqslant \int_{\xi_1}^{\xi_2} |K_m(x)| \cdot |e^{-p\varphi(x)}|\, dx \leqslant C_m,$$

wobei C_m eine von p unabhängige Größe ist. Denn für jeden zugelassenen Parameterwert gilt

$$|e^{-p\varphi(x)}| \leqslant 1$$

und $K_m(x)$ ist unabhängig von p und im Integrationsintervall beschränkt. Also folgt:

$$|R| \leqslant \frac{1}{|p|^m} \cdot C_m \qquad \text{für beliebig großes } m$$

$$\text{(8)} \qquad \text{oder: } R = O\left(\frac{1}{|p|^\infty}\right) {}^{1}$$

$$\text{oder: } R \approx 0 \qquad \text{für } p \to \infty. {}^{2}$$

---

[1] $R = O\left(\frac{1}{|p|^\infty}\right)$ soll andeuten, daß $p^m R \to 0$ für $p \to \infty$ für jedes beliebig große m.

[2] Alle $\approx$-Zeichen beziehen sich im folgenden auf $p \to \infty$ bzw. $\varkappa \to \infty$, was nicht mehr besonders notiert werden soll.

Das Restglied verschwindet asymptotisch für große p. Damit ist die Behauptung bewiesen, die sich jetzt entsprechend (4) dahingehend präzisieren läßt:

$$I = \int_{\xi_1}^{\xi_2} g(x)\, e^{-p\varphi(x)}\, dx \approx I_{\xi_1}^{+} + \sum_{\xi} I_{\xi} + I_{\xi_2}^{-}. \tag{9}$$ [1]

Hierbei lauten die Beiträge der einzelnen kritischen Punkte, wenn wir auch diejenigen der inneren kritischen Punkte in einen rechts- und einen linksseitigen Anteil zerlegen:

$$I_{\xi}^{+} = \int_{\xi}^{\xi+\delta} N_{\xi}(x)\, g(x)\, e^{-p\varphi(x)}\, dx$$

$$I_{\xi}^{-} = \int_{\xi-\delta}^{\xi} N_{\xi}(x)\, g(x)\, e^{-p\varphi(x)}\, dx$$

$$I_{\xi} = I_{\xi}^{-} + I_{\xi}^{+}.$$

Etwa in dieser Form ist Satz I schon von VAN DER CORPUT ausgesprochen worden. Die folgenden Untersuchungen gehen dagegen neue Wege und führen zu neuen Ergebnissen.

Zusätze zu Satz I:

1. Zusatz:

Im Falle b, $|\mathrm{arc}\, p| \leqq \vartheta < \frac{\pi}{2}$, leisten nur die kritischen Punkte P_{ξ} mit $\varphi(\xi) = 0$ einen Beitrag zur asymptotischen Näherung und die Voraussetzungen von Satz I brauchen nur in der δ-Umgebung von diesen P_{ξ} erfüllt zu sein, falls noch für ein p_0 gilt.

(10)
$$\int_{\xi_1}^{\xi_2} |g(x)\, e^{-p_0\varphi(x)}|\, dx \quad \text{existiert}$$
$$\varphi(x) \geqq S > 0 \quad \text{in } \xi_1 \leqq x \leqq \xi_2 \text{ außerhalb der } \varepsilon\text{-Intervalle von } P_{\xi} \text{ mit } \varphi(\xi) = 0.$$

[1] Die Summe ist über alle inneren kritischen Punkte ξ zu erstrecken.

Diese Bemerkung gilt auch für uneigentliche Integrale (1), wobei die Zusatzforderungen dann sinngemäß lauten:

$$(11)\quad \begin{aligned} &\int_{\xi_1}^{\infty} g(x)\, e^{-p_0 \varphi(x)}\, dx && \text{absolut konvergent} \\ &\varphi(x) \geqq S > 0 && \text{für } x \geqq \xi_1 \text{ außerhalb der } \varepsilon\text{-Intervalle von } P_\xi \text{ mit } \varphi(\xi) = 0. \end{aligned}$$

Zum Beweise gehen wir auf die Zerspaltung (4) zurück, wobei jetzt nur die Anteile der kritischen Punkte P_ξ mit $\varphi(\xi) = 0$ aus dem Integral herausgenommen sein sollen. Das Restglied lautet dann wieder:

$$(12)\qquad R = \int_{\xi_1}^{\xi_2} K(x)\, e^{-p\varphi(x)}\, dx.$$

$K(x)$ verschwindet in den ε-Intervallen der P_ξ, also ist im eigentlichen Integrationsintervall $\varphi(x) \geqq S > 0$. Wir schätzen nun ab, wobei p hinreichend groß mit $\Re p > \Re p_0$ gewählt sei:

$$(13)\quad \begin{aligned} |R| &\leqq \int_{\xi_1}^{\xi_2} |K(x)|\, e^{-\Re p\, \varphi(x)}\, dx \\ &\leqq e^{-(\Re p - \Re p_0) S} \int_{\xi_1}^{\xi_2} |K(x)|\, e^{-\Re p_0 \varphi(x)}\, dx \\ &\leqq e^{-|p| S \cos\vartheta} \cdot e^{S \Re p_0} \int_{\xi_1}^{\xi_2} |g(x)|\, e^{-\Re p_0 \varphi(x)}\, dx. \end{aligned}$$

Das letzte Integral ist nach Voraussetzung beschränkt und unabhängig von p. Damit wird

$$(14)\qquad |R| \leqq C\, e^{-|p| S \cos\vartheta}, \quad \text{also} \quad R = O\left(\frac{1}{|p|^{\infty}}\right),$$

und die Behauptung ist bewiesen. Im Falle des uneigentlichen Integrals verlaufen die Schlußfolgerungen mit $\xi_2 = \infty$ völlig analog, da das zuletzt auftretende Integral dann nach Voraussetzung konvergiert.

Wir brauchen also im Falle b nur kritische Punkte mit $\varphi(x) = 0$ in Betracht zu ziehen. Wegen $\varphi(x) \geqq 0$ gilt dann an diesen kritischen Punkten, falls sie auftreten, als

$$
(15) \quad
\begin{array}{llll}
\text{linker Randpunkt:} & \varphi^{(\alpha)}(\xi) > 0, & \alpha \geqq 1 & \\
\text{innerer Punkt:} & \varphi^{(\alpha)}(\xi) > 0, & \alpha = 2\beta, & \beta \geqq 1 \\
\text{rechter Randpunkt:} & \left\{ \begin{array}{l} \varphi^{(\alpha)}(\xi) > 0, \\ \varphi^{(\alpha)}(\xi) < 0, \end{array} \right. & \begin{array}{l} \alpha = 2\beta, \\ \alpha = 2\beta - 1, \end{array} & \begin{array}{l} \beta \geqq 1 \\ \beta \geqq 1. \end{array}
\end{array}
$$

2. Zusatz:

Eine auch im Falle a, $p = i\varkappa$, gültige Anwendungsmöglichkeit auf uneigentliche Integrale hat Satz I, wenn seine eigentlichen Voraussetzungen in $\xi_1 \leqq x < \infty$ erfüllt sind und folgende Zusatzforderung für die Funktionenfolge (5) besteht:

$$
(16) \quad
\begin{array}{ll}
\lim\limits_{x \to \infty} \dfrac{K_\mu(x)}{\varphi'(x)} = 0, & \text{für alle } \mu \geqq 0 \\
\int\limits_{\xi_1}^{\infty} |K_m(x)|\, dx \leqq C_m, & \text{für alle } m \geqq 1.
\end{array}
$$

An der unendlichen oberen Grenze erhält das Integral dann keinen Beitrag.

Der Beweis ist unmittelbar der von Satz I, da unter den gemachten Zusatzvoraussetzungen (16) auch das uneigentliche Restintegral in (4) sukzessiv partiell integriert werden kann und ebenfalls die Abschätzungen (7) und (8) gültig bleiben.

Die gleichen Bemerkungen gelten entsprechend bei unendlicher unterer Integrationsgrenze.

Satz II:

Die Beiträge I_ξ der einzelnen kritischen Punkte lassen sich in asymptotische Reihen nach fallenden Potenzen von p entwickeln.

Beweis:

1. Teil:

Wir betrachten allgemein einen kritischen Punkt erster oder zweiter Art. An ihm gilt:

$$
(17) \quad \varphi'(\xi) = 0, \; \ldots \; \varphi^{(\alpha-1)}(\xi) = 0, \quad \varphi^{(\alpha)}(\xi) \neq 0, \quad \alpha \geqq 1.
$$

Es kann also auch im Falle der Randpunkte $\alpha = 1$, d. h. $\varphi'(\xi) \neq 0$ sein.

Wir entwickeln nun

$$(18) \qquad \varphi(\xi + h) = \varphi(\xi) + \sum_{\nu=\alpha}^{\infty} \varphi_\nu \cdot h^\nu, \quad \text{mit} \quad \varphi_\nu = \frac{\varphi^{(\nu)}(\xi)}{\nu!}$$

und führen eine neue Variable u durch den Ansatz ein:

$$(19) \qquad \varphi_\alpha u^\alpha = \varphi(\xi + h) - \varphi(\xi) = \sum_{\nu=\alpha}^{\infty} \varphi_\nu \cdot h^\nu.$$

Dieser läßt sich nach h auflösen, denn es ist nach dem erweiterten Binomischen Satz:

$$(20) \qquad u = u(h) = h\left(1 + \sum_{\nu=1}^{\infty} \frac{\varphi_{\alpha+\nu}}{\varphi_\alpha} \cdot h^\nu\right)^{\frac{1}{\alpha}} = h(1 + \mathfrak{P}(h)).$$ [1]

u wird also durch eine Reihe in h mit nichtverschwindendem linearen Glied dargestellt, welche man nach den Rechenregeln für Potenzreihen in eine ebenfalls konvergente Potenzreihe umkehren kann.

$$(21) \qquad h = h(u) = \sum_{\nu=1}^{\infty} h_\nu u^\nu = u\left(1 + \sum_{\nu=2}^{\infty} h_\nu u^{\nu-1}\right).$$

Die Bestimmung der Koeffizienten h_ν erfolgt rekursiv durch einen Koeffizientenvergleich.

Wir transformieren nun unter Berücksichtigung der über $g(x)$ gemachten Voraussetzungen den Integralbeitrag I_ξ^+ bzw. I_ξ^- mittels (21) auf die neue Variable. Zunächst ergibt sich:

$$g(\xi + h)\, dh = \frac{1}{|h|^\lambda} \sum_{\nu=0}^{\infty} g_\nu h^\nu \, dh, \quad \text{mit} \quad g_\nu = \frac{\hat{g}^{(\nu)}(\xi)}{\nu!}$$

$$(22) \qquad = \frac{1}{|u|^\lambda}\left(1 + \sum_{\mu=2}^{\infty} h_\mu u^{\mu-1}\right)^{-\lambda} \cdot \sum_{\nu=0}^{\infty} g_\nu \left(\sum_{\sigma=1}^{\infty} h_\sigma u^\sigma\right)^\nu \cdot$$

$$\cdot \left(1 + \sum_{\tau=1}^{\infty} (\tau + 1) h_{\tau+1} u^\tau\right) du$$

$$= \frac{1}{|u|^\lambda} \sum_{\nu=0}^{\infty} a_\nu u^\nu \cdot du.$$

[1] $\mathfrak{P}(h)$ ist eine Potenzreihe in h.

Die Berechnung der a_ν kann wiederum durch einen Koeffizientenvergleich erfolgen. Ein geschlossener Ausdruck für die a_ν wird in Formel (48) gegeben.

Die Neutralisatorfunktion transformiert sich nun folgendermaßen:

$$N_\xi(x) = N_0(h) = N_0(h(u)) = N_0^*(u). \tag{23}$$

Die charakteristischen Eigenschaften der Neutralisatorfunktion bleiben dabei erhalten. Die neuen Intervallbreiten seien mit ε^* und δ^* bezeichnet, und es sei δ von vornherein so klein gewählt, daß die Entwicklung (22) in dem dann hinreichend kleinen abgeschlossenen δ^*-Intervall absolut und gleichmäßig konvergiert. Wir können dann die Reihe auch nach Hereinmultiplikation der noch im Integranten stehenden Funktionen über das δ^*-Intervall gliedweise integrieren und erhalten:

$$\begin{aligned} I_\xi^+ &= \int_\xi^{\xi+\delta} N_\xi(x)\, g(x)\, e^{-p\varphi(x)}\, dx = \int_0^\delta N_0(h)\, g(\xi+h)\, e^{-p\varphi(\xi+h)}\, dh \\ &= e^{-p\varphi(\xi)} \int_0^{\delta^*} N_0^*(u) \sum_{\nu=0}^{\infty} a_\nu\, u^{\nu-\lambda}\, e^{-p\varphi_a u^a}\, du \\ &= e^{-p\varphi(\xi)} \sum_{\nu=0}^{\infty} a_\nu \int_0^{\delta^*} N_0^*(u)\, u^{\nu-\lambda}\, e^{-p\varphi_a u^a}\, du, \end{aligned} \tag{24}$$

und analog:

$$I_\xi^- = e^{-p\varphi(\xi)} \sum_{\nu=0}^{\infty} a_\nu \int_{-\delta^*}^{0} N_0^*(u)\, u^\nu (-u)^{-\lambda}\, e^{-p\varphi_a u^a}\, du.$$

2. Teil:

Es sollen nun die einzelnen Glieder der Reihe (24) asymptotisch bezüglich $p \to \infty$ berechnet werden. Wir betrachten dazu zunächst für $|\operatorname{arc} p| \leqq \vartheta < \frac{\pi}{2}$, $|p| \geqq 1$, $\varphi_a > 0$, $\nu - \lambda > -1$ das Integral:

$$\int_0^\infty u^{\nu-\lambda}\, e^{-p\varphi_a u^a}\, du = \frac{1}{a}\left(\frac{1}{\varphi_a p}\right)^{\frac{\nu-\lambda+1}{a}} \Gamma\left(\frac{\nu-\lambda+1}{a}\right). \tag{25}$$

Von der p-Potenz ist stets der Hauptwert zu nehmen.

Teilen wir andererseits das Integral mittels der Neutralisatorfunktion auf:

$$(26)\qquad \int_0^\infty u^{\nu-\lambda} e^{-p\varphi_a u^a} du = \int_0^{\delta^*} N_0^*(u)\, u^{\nu-\lambda} e^{-p\varphi_a u^a} du + \int_{\varepsilon^*}^\infty K^*(u)\, e^{-p\varphi_a u^a} du,$$

wobei:

$$(27)\qquad \begin{aligned} &K^*(u) = u^{\nu-\lambda}(1 - N_0^*(u)) && \text{beliebig oft differenzierbar für } 0 \leqq u \\ &K^*(u) = 0 && \text{für } 0 \leqq u \leqq \varepsilon^* \\ &K^*(u) = u^{\nu-\lambda} && \text{für } \delta^* \leqq u. \end{aligned}$$

Wir reduzieren analog zu (5) und (6) das letzte Integral durch m-fache sukzessive partielle Integration mittels der Funktionenfolge:

$$(28)\qquad \begin{aligned} &K^*(u) = K_0^*(u),\quad K_1^*(u),\quad \ldots\quad K_\mu^*(u), \\ &K_\mu^*(u) = \frac{1}{a\,\varphi_a} \frac{d}{du} \left(u^{1-a} K_{\mu-1}^*(u)\right). \end{aligned}$$

So ergibt sich

$$(29)\qquad \int_{\varepsilon^*}^\infty K^*(u)\, e^{-p\varphi_a u^a} du = \frac{1}{p^m} \int_{\varepsilon^*}^\infty K_m^*(u)\, e^{-p\varphi_a u^a} du$$

mit beliebig großem m.

Setzen wir (29) und (25) in (26) ein, so folgt:

$$(30)\qquad \begin{aligned} &\int_0^{\delta^*} N_0^*(u)\, u^{\nu-\lambda} e^{-p\varphi_a u^a} du \\ &= \frac{1}{a} \left(\frac{1}{\varphi_a p}\right)^{\frac{\nu-\lambda+1}{a}} \Gamma\left(\frac{\nu-\lambda+1}{a}\right) - \frac{1}{p^m} \int_{\varepsilon^*}^\infty K_m^*(u)\, e^{-p\varphi_a u^a} du. \end{aligned}$$

Dies gilt zunächst entsprechend unserer Herleitung für $|\operatorname{arc} p| < \vartheta < \frac{\pi}{2}$ Wir wollen aber zeigen, daß die Relation (30) auch für $|\operatorname{arc} p| \leqq \frac{\pi}{2}$ gültig ist. Dazu weisen wir die gleichmäßige Konvergenz des rechtsstehenden Integrals in (30) für $|\operatorname{arc} p| \leqq \frac{\pi}{2}$ nach. Entsprechend (27) und (28) berechnet sich

$$(31) \quad K_m^*(u) = C\, u^{\nu-\lambda-m\alpha} = C\frac{1}{u^\sigma}, \quad \text{für } u \geqq \delta^*, \quad C = \text{const},$$

wobei für hinreichend großes m: $\sigma = m\alpha - \nu + \lambda > 1$. Damit läßt sich infolge von $|e^{-p\varphi_\alpha u^\alpha}| \leqq 1$ mit $U > \delta^*$ abschätzen:

$$(32) \quad \left|\int_U^\infty K_m^*(u)\, e^{-p\varphi_\alpha u^\alpha}\, du\right| \leqq |C| \int_U^\infty \frac{du}{u^\sigma} = \frac{|C|}{\sigma-1}\,\frac{1}{U^{\sigma-1}},$$

und die gleichmäßige Konvergenz ist gezeigt. Aus der hieraus für das Integral folgenden Stetigkeit in p ergibt sich unmittelbar die Behauptung.

Da nun in (30) der letzte Ausdruck mit $p \to \infty$ von beliebig hoher Ordnung verschwindet, erhalten wir die gesuchte asymptotische Näherung.

$$(33) \quad \begin{aligned} &\int_0^{\delta^*} N_0^*(u)\, u^{\nu-\lambda}\, e^{-p\varphi_\alpha u^\alpha}\, du \\ &\qquad = \frac{1}{\alpha}\left(\frac{1}{\varphi_\alpha p}\right)^{\frac{\nu-\lambda+1}{\alpha}} \Gamma\left(\frac{\nu-\lambda+1}{\alpha}\right) + O\left(\frac{1}{|p|^\infty}\right) \end{aligned}$$

$$\text{für } |\operatorname{arc} p| \leqq \frac{\pi}{2}, \quad \varphi_\alpha > 0, \quad \nu-\lambda > -1.$$

Im Fall b ist nach (15) die hier auftretende Zusatzvoraussetzung $\varphi_\alpha > 0$ für rechtsseitige Anteile I_ξ^+ von selbst erfüllt, im Fall a, $p = i\varkappa$ kann man sich durch eventuelles Ersetzen $i|-i$ leicht von ihr befreien.

$$(34) \quad \begin{aligned} &\int_0^{\delta^*} N_0^*(u)\, u^{\nu-\lambda}\, e^{-i\varkappa\varphi_\alpha u^\alpha}\, du \\ &\qquad = \frac{1}{\alpha}\left(\frac{e^{\mp i\frac{\pi}{2}}}{|\varphi_\alpha|\,\varkappa}\right)^{\frac{\nu-\lambda+1}{\alpha}} \Gamma\left(\frac{\nu-\lambda+1}{\alpha}\right) + O\left(\frac{1}{\varkappa^\infty}\right) \end{aligned}$$

$$\text{mit } \mp i \text{ entsprechend } \varphi_\alpha \gtrless 0.$$

Die in der Entwicklung von I_ξ^- in (24) auftretenden Glieder lassen sich auf den eben behandelten Fall zurückführen.

$$\begin{aligned}&\int_{-\delta^*}^{0} N_0^*(u)\, u^\nu (-u)^{-\lambda}\, e^{-p\varphi_a u^a}\, du \\ (35) \qquad &= (-1)^\nu \int_0^{\delta^*} N_0^*(u)\, u^{\nu-\lambda}\, e^{-p(-1)^a \varphi_a u^a}\, du \\ &= \frac{(-1)^\nu}{a}\left(\frac{1}{(-1)^a \varphi_a p}\right)^{\frac{\nu-\lambda+1}{a}} \Gamma\left(\frac{\nu-\lambda+1}{a}\right) + O\left(\frac{1}{|p|^\infty}\right)\end{aligned}$$

$$\text{für } |\operatorname{arc} p| \leqq \frac{\pi}{2}, \quad (-1)^a \varphi_a > 0, \quad \nu - \lambda > -1.$$

Im Fall b ist nach (15) die Zusatzvoraussetzung $(-1)^a \varphi_a > 0$ für linksseitige Anteile I_ξ^- von selbst erfüllt, im Fall a, $p = i\varkappa$, kann man sich wieder von ihr befreien.

$$\begin{aligned}&\int_{-\delta^*}^{0} N_0^*(u)\, u^\nu (-u)^{-\lambda}\, e^{-i\varkappa\varphi_a u^a}\, du \\ (36) \qquad &= \frac{(-1)^\nu}{a}\left(\frac{e^{\mp i (-1)^a \frac{\pi}{2}}}{|\varphi_a| \varkappa}\right)^{\frac{\nu-\lambda+1}{a}} \Gamma\left(\frac{\nu-\lambda+1}{a}\right) + O\left(\frac{1}{\varkappa^\infty}\right)\end{aligned}$$

$$\text{mit } \mp i \text{ entsprechend } \varphi_a \gtrless 0.$$

Setzen wir die asymptotischen Näherungen (33), (34), (35) bzw. (36) in die konvergente Entwicklung (24) ein, so ergeben sich die im Satz II behaupteten asymptotischen Entwicklungen für die Beiträge I_ξ der einzelnen kritischen Punkte (siehe folgende Zusammenstellung).

Zusammenstellung:

Satz I:

Der Wert des Integrals I ist für $p \to \infty$ asymptotisch gleich der Summe der Beiträge, welche das Integral in der Umgebung der kritischen Punkte erhält.

$$(37) \qquad I = \int_{\xi_1}^{\xi_2} g(x)\, e^{-p\varphi(x)}\, dx \approx I_{\xi_1}^{+} + \sum_{\xi} I_{\xi} + I_{\xi_2}^{-}, \qquad p \to \infty$$

$$\text{mit} \quad I_{\xi} = I_{\xi}^{-} + I_{\xi}^{+}.$$

Die kritischen Punkte $x = \xi$ sind dabei durch die Bedingung erklärt:

$$\varphi'(\xi) = 0, \quad \ldots \varphi^{(\alpha-1)}(\xi) = 0, \quad \varphi^{(\alpha)}(\xi) \neq 0$$

mit $\alpha \geqslant 2$ für innere Punkte und $\alpha \geqslant 1$ für die Randpunkte.

Satz II:

Die Beiträge I_{ξ} der einzelnen kritischen Punkte lassen sich in asymptotische Reihen nach fallenden Potenzen von p entwickeln.

Fall a: $p = i\varkappa$

$$(38) \qquad \begin{aligned} I_{\xi}^{+} &\approx e^{-i\varkappa\varphi(\xi)} \sum_{\nu=0}^{\infty} a_{\nu} \frac{1}{\alpha} \left(\frac{e^{\mp i \frac{\pi}{2}}}{|\varphi_{\alpha}|} \right)^{\frac{\nu-\lambda+1}{\alpha}} \Gamma\left(\frac{\nu-\lambda+1}{\alpha}\right) \cdot \left(\frac{1}{\varkappa}\right)^{\frac{\nu-\lambda+1}{\alpha}}, \\ I_{\xi}^{-} &\approx e^{-i\varkappa\varphi(\xi)} \sum_{\nu=0}^{\infty} a_{\nu} \frac{(-1)^{\nu}}{\alpha} \left(\frac{e^{\mp i(-1)^{\alpha} \frac{\pi}{2}}}{|\varphi_{\alpha}|} \right)^{\frac{\nu-\lambda+1}{\alpha}} \Gamma\left(\frac{\nu-\lambda+1}{\alpha}\right) \cdot \left(\frac{1}{\varkappa}\right)^{\frac{\nu-\lambda+1}{\alpha}}, \end{aligned}$$

mit $\mp i$ entsprechend $\varphi_{\alpha} \gtrless 0$.

Fall b: $|\text{arc}\, p| \leqslant \vartheta < \frac{\pi}{2}$

$$(39) \qquad \begin{aligned} I_{\xi}^{+} &\approx \sum_{\nu=0}^{\infty} a_{\nu} \frac{1}{\alpha} \left(\frac{1}{\varphi_{\alpha}}\right)^{\frac{\nu-\lambda+1}{\alpha}} \Gamma\left(\frac{\nu-\lambda+1}{\alpha}\right) \cdot \left(\frac{1}{p}\right)^{\frac{\nu-\lambda+1}{\alpha}}, \\ I_{\xi}^{-} &\approx \sum_{\nu=0}^{\infty} a_{\nu} \frac{(-1)^{\nu}}{\alpha} \left(\frac{1}{(-1)^{\alpha}\varphi_{\alpha}}\right)^{\frac{\nu-\lambda+1}{\alpha}} \Gamma\left(\frac{\nu-\lambda+1}{\alpha}\right) \cdot \left(\frac{1}{p}\right)^{\frac{\nu-\lambda+1}{\alpha}}, \end{aligned}$$

mit $\varphi(\xi) = 0$, $\varphi_{\alpha} > 0$ bzw. $(-1)^{\alpha} \varphi_{\alpha} > 0$.

Die a_ν sind dabei die Koeffizienten der Entwicklung

$$g(\xi+h)\,dh = g(\xi+h(u))\,h'(u)\,du = \frac{1}{|u|^\lambda}\sum_{\nu=0}^{\infty} a_\nu u^\nu\,du,$$

wobei $h = h(u)$ implizit durch $\varphi_\alpha u^\alpha = \varphi(\xi+h) - \varphi(\xi)$ gegeben ist. Ein geschlossener Ausdruck für die a_ν wird in der Anmerkung Formel (48) gegeben.

Wichtige Spezialfälle:

$\alpha = 2$

(40)

a) $I_\xi = I_\xi^- + I_\xi^+$

$$\approx e^{-i\varkappa\varphi(\xi)} \sum_{\nu=0}^{\infty} a_{2\nu} \left(\frac{e^{\mp i\frac{\pi}{2}}}{|\varphi_2|}\right)^{\frac{2\nu-\lambda+1}{2}} \Gamma\left(\frac{2\nu-\lambda+1}{2}\right)\cdot\left(\frac{1}{\varkappa}\right)^{\frac{2\nu-\lambda+1}{2}},$$

b) $I_\xi = I_\xi^- + I_\xi^+$

$$\approx \sum_{\nu=0}^{\infty} a_{2\nu} \left(\frac{1}{\varphi_2}\right)^{\frac{2\nu-\lambda+1}{2}} \Gamma\left(\frac{2\nu-\lambda+1}{2}\right)\cdot\left(\frac{1}{p}\right)^{\frac{2\nu-\lambda+1}{2}}$$

$\alpha = 2,\ \lambda = 0$

(41)

a) $$I_\xi \approx e^{-i\varkappa\varphi(\xi)}\, e^{\mp i\frac{\pi}{4}} \sqrt{\frac{\pi}{|\varphi_2|\varkappa}} \sum_{\nu=0}^{\infty} a_{2\nu} \frac{\nu!!}{(2i\varphi_2)^\nu}\cdot\frac{1}{\varkappa^\nu},$$

b) $$I_\xi \approx \sqrt{\frac{\pi}{\varphi_2 p}} \sum_{\nu=0}^{\infty} a_{2\nu} \frac{\nu!!}{(2\varphi_2)^\nu}\cdot\frac{1}{p^\nu},$$

mit $\nu!! = 1\cdot 3\cdot 5\ldots(2\nu-1), \quad 0!! =$

Hierbei ist noch mittels

(42) $$\Gamma\left(\frac{1}{2}+\nu\right) = \frac{\nu!!}{2^\nu}\sqrt{\pi}$$

umgeformt worden.

Anmerkung:

Die von uns angegebene Entwicklung (22) führt nach der Teilintegration (24) und der asymptotischen Berechnung der Reihenglieder direkt auf die asymptotischen Reihen der Integralbeiträge I_ξ. Man kann diese aber auch auf einen mehr indirekten Weg erhalten, wie kurz skizziert werden soll. Dieser Weg entspricht zunächst etwa dem Entwicklungsverfahren von VAN DER CORPUT, führt also, wie schon in der Einleitung erwähnt, auf einen bezüglich p nichtgeordneten Näherungsausdruck, aus dem wir aber durch einen Umordnungsprozeß unsere asymptotischen Reihen gewinnen können.

Wir entwickeln unter den gleichen Voraussetzungen wie oben den Integranten von I_ξ^+ (9) nach $h = x - \xi$.

$$(43)\quad g(x)\, e^{-p\varphi(x)} = \frac{1}{|h|^\lambda} \sum_{k=0}^{\infty} g_k h^k \cdot e^{-p(\varphi(\xi) + \varphi_\alpha h^\alpha)} \cdot e^{-p \sum\limits_{\mu=\alpha+1}^{\infty} \varphi_\mu h^\mu}$$

δ ist wieder so klein gewählt, daß die aufgestellten Reihen im abgeschlossenen δ-Intervall absolut konvergieren. Dann läßt sich wegen der beständigen Konvergenz der Exponentialreihe auch der letzte Exponentialfaktor in (43) trotz des großen p im Exponenten in eine im abgeschlossenen δ-Intervall absolut konvergente Reihe entwickeln.

$$(44)\quad \begin{aligned} g(x)\, e^{-p\varphi(x)} &= e^{-p(\varphi(\xi) + \varphi_\alpha h^\alpha)} \frac{1}{|h|^\lambda} \sum_{k=0}^{\infty} g_k h^k \sum_{\tau=0}^{\infty} \frac{1}{\tau!} \left(-p \sum_{\mu=\alpha+1}^{\infty} \varphi_\mu h^\mu \right)^\tau \\ &= e^{-p(\varphi(\xi) + \varphi_\alpha h^\alpha)} \frac{1}{|h|^\lambda} \sum_{k=0}^{\infty} h^k \sum_{\sigma=0}^{k} g_{k-\sigma} \sum_{(\alpha+1)\tau \leq \sigma} p^\tau \Phi_{\tau,\sigma}. \end{aligned}$$

$$(45)\quad \Phi_{\tau,\sigma} = \sum_{\substack{\gamma_{\alpha+1} + \gamma_{\alpha+2} \cdots + \gamma_\sigma = \tau \\ (\alpha+1)\gamma_{\alpha+1} + (\alpha+2)\gamma_{\alpha+2} \cdots + \sigma\gamma_\sigma = \sigma}} \frac{(-1)^\tau}{\gamma_{\alpha+1}!\, \gamma_{\alpha+2}! \cdots \gamma_\sigma!} \varphi_{\alpha+1}^{\gamma_{\alpha+1}} \varphi_{\alpha+2}^{\gamma_{\alpha+2}} \cdots \varphi_\sigma^{\gamma_\sigma},$$

Für Indizes τ, σ, für welche keine γ-Werte existieren, ist $\Phi_{\tau,\sigma} = 0$ zu setzen.

Im Gegensatz zur Entwicklung (22), welche unabhängig von p war, geht hier p mit aufsteigenden Potenzen ein. Diese werden erst nach der Integration entsprechend (33) ff. durch die dann auftretenden negativen p-Potenzen kompensiert. Um aber eine asymptotische Reihe nach fallenden p-Potenzen zu erhalten, müssen wir (44) zunächst geeignet umordnen, was wegen der absoluten Konvergenz erlaubt ist. Dazu erweitern wir h^k mit $p^{\frac{k}{\alpha}}$, fassen $\left(h p^{\frac{1}{\alpha}}\right)^k$ zusammen und ordnen nach den dann auftretenden fallenden Potenzen $p^{\frac{\alpha\tau-k}{\alpha}} = \left(\frac{1}{p}\right)^{\frac{\nu}{\alpha}}$.

$$
\begin{aligned}
&\sum_{k=0}^{\infty}\left(h p^{\frac{1}{\alpha}}\right)^k \sum_{\sigma=0}^{k} g_{k-\sigma} \sum_{(\alpha+1)\tau\leqq\sigma} p^{\frac{\alpha\tau-k}{\alpha}} \Phi_{\tau,\sigma} \\
(46)\qquad &= \sum_{k=0}^{\infty} \sum_{(\alpha+1)\tau\leqq k} p^{\frac{\alpha\tau-k}{\alpha}} \sum_{\sigma=\tau(\alpha+1)}^{k} \left(h p^{\frac{1}{\alpha}}\right)^k g_{k-\sigma} \Phi_{\tau,\sigma} \\
&= \sum_{\nu=0}^{\infty} \frac{1}{p^{\frac{\nu}{\alpha}}} \sum_{\tau=0}^{\nu} \sum_{\mu=0}^{\nu-\tau} \left(h p^{\frac{1}{\alpha}}\right)^{\nu+\alpha\tau} g_{\nu-\mu-\tau} \Phi_{\tau,\mu+\tau(\alpha+1)}\,.
\end{aligned}
$$

Setzen wir (46) in (44) und dies in I_ξ^+ (9) ein, integrieren gliedweise und ersetzen die entstehenden Teilintegrale nach (33) durch ihre asymptotischen Näherungen, so erhalten wir die asymptotische Entwicklung von I_ξ^+.

$$
\begin{aligned}
I_\xi^+ &= \int_0^\delta N_0(h)\, g(\xi+h)\, e^{-p\varphi(\xi+h)}\, dh \\
&= e^{-p\varphi(\xi)} \sum_{\nu=0}^{\infty} \frac{1}{p^{\frac{\nu}{\alpha}}} \sum_{\tau=0}^{\nu} \sum_{\mu=0}^{\nu-\tau} g_{\nu-\mu-\tau}\, \Phi_{\tau,\mu+\tau(\alpha+1)}\, p^{\frac{\nu+\alpha\tau}{\alpha}} \int_0^\delta N_0(h)\, h^{\nu+\alpha\tau-\lambda}\, e^{-p\varphi_\alpha h^\alpha}\, dh \\
(47)\qquad &\approx e^{-p\varphi(\xi)} \sum_{\nu=0}^{\infty} \left(\frac{1}{p}\right)^{\frac{\nu-\lambda+1}{\alpha}} \sum_{\tau=0}^{\nu} \sum_{\mu=0}^{\nu-\tau} g_{\nu-\mu-\tau}\, \Phi_{\tau,\mu+\tau(\alpha+1)} \frac{1}{\alpha} \left(\frac{1}{\varphi_\alpha}\right)^{\frac{\nu-\lambda+1}{\alpha}+\tau} \\
&\qquad \cdot \Gamma\left(\frac{\nu-\lambda+1}{\alpha}+\tau\right).
\end{aligned}
$$

Der Vergleich mit der Reihe (39) liefert wegen der Eindeutigkeit der asymptotischen Entwicklungen jetzt einen geschlossenen Ausdruck für die Koeffizienten a_ν.

$$(48)\quad a_\nu = \sum_{\tau=0}^{\nu} \sum_{\mu=0}^{\nu-\tau} \left(\frac{1}{\varphi_a}\right)^\tau g_{\nu-\mu-\tau} \left(\frac{\nu-\lambda+1}{\alpha}\right)\left(\frac{\nu-\lambda+1}{\alpha}+1\right)\cdots$$
$$\cdots\left(\frac{\nu-\lambda+1}{\alpha}+\tau-1\right)\Phi_{\tau,\mu+\tau(\alpha+1)}$$

mit $\Phi_{\tau,\sigma}$ entsprechend (45).

Im Spezialfall $g(x) = 1$ vereinfacht sich (48) etwas:

$$(49)\quad a_\nu = \sum_{\tau=0}^{\nu} \left(\frac{1}{\alpha\,\varphi_a}\right)^\tau (\nu+1)(\nu+1+\alpha)(\nu+1+2\alpha)\cdots$$
$$\cdots(\nu+1+(\tau-1)\alpha)\,\Phi_{\tau,\nu+\tau\alpha}.$$

Damit ist auch der Anschluß an die übrigen Fälle (38), (39) und folgende hergestellt.

Anwendungen:

1. Beispiel:

Wir wollen als erstes Beispiel die Bessel-Funktion asymptotisch für große Argumentwerte entwickeln. Gehen wir dazu von einer geeigneten Integraldarstellung aus.

$$(50)\qquad J_0(z) = \frac{e^{-iz}}{\pi}\int_0^2 \frac{e^{izt}}{\sqrt{t(2-t)}}\,dt.$$

Wählt man z einmal reell, zum anderen nicht reell, so zerfällt das Entwicklungsproblem in zwei wesentlich verschiedene Fälle, nämlich gerade in unsere Fälle a und b.

Wir berechnen zunächst die Koeffizienten a_ν an den kritischen Punkten, welche hier nur als die beiden Randpunkte auftreten.

Linker Randpunkt: $\xi = 0, \quad \varphi(t) = t = h = u, \quad \varphi_1 = 1, \quad \varphi(\xi) = 0$

$$g(t) = g(u) = \frac{1}{\sqrt{u(2-u)}} = (2u)^{-\frac{1}{2}}\left(1 - \frac{u}{2}\right)^{-\frac{1}{2}}$$

$$(51) \qquad = (2u)^{-\frac{1}{2}} \sum_{\nu=0}^{\infty} \binom{-\frac{1}{2}}{\nu}\left(-\frac{u}{2}\right)^{\nu}$$

$$= \frac{1}{\sqrt{2\pi}} \sum_{\nu=0}^{\infty} \frac{1}{2^{\nu}\cdot\nu!}\Gamma\left(\nu+\frac{1}{2}\right)\cdot u^{\nu-\frac{1}{2}}, \text{ also: } a_{\nu} = \frac{\Gamma\left(\nu+\frac{1}{2}\right)}{\sqrt{2\pi}\cdot 2^{\nu}\cdot\nu!}.$$

Rechter Randpunkt:

$$\xi = 2, \quad \varphi(t) = t = 2 + h = 2 + u, \quad \varphi_1 = 1, \quad \varphi(\xi) = 2$$

$$g(t) = g(2+u) = \frac{1}{\sqrt{(2+u)(-u)}}$$

$$(52) \qquad = |u|^{-\frac{1}{2}}\cdot\frac{1}{\sqrt{2\pi}} \sum_{\nu=0}^{\infty} \frac{(-1)^{\nu}}{2^{\nu}\cdot\nu!}\cdot\Gamma\left(\nu+\frac{1}{2}\right)\cdot u^{\nu},$$

$$\text{also: } \quad a_{\nu} = \frac{\Gamma\left(\nu+\frac{1}{2}\right)}{\sqrt{2\pi}\cdot 2^{\nu}\cdot\nu!}.$$

Fall a: $z = -x$ reell mit $x > 0$ [1].

Die Beiträge des Integrals an den Randpunkten ergeben sich dann zu:

$$(53) \qquad I^{+}_{\xi=0} \approx \frac{1}{\sqrt{2\pi}} \sum_{\nu=0}^{\infty} e^{-i\frac{\pi}{4}(2\nu+1)} \frac{\Gamma^{2}\left(\nu+\frac{1}{2}\right)}{2^{\nu}\cdot\nu!}\left(\frac{1}{x}\right)^{\nu+\frac{1}{2}}.$$

$$(54) \qquad I^{-}_{\xi=2} \approx \frac{e^{-2ix}}{\sqrt{2\pi}} \sum_{\nu=0}^{\infty} e^{i\frac{\pi}{4}(2\nu+1)} \frac{\Gamma^{2}\left(\nu+\frac{1}{2}\right)}{2^{\nu}\cdot\nu!}\left(\frac{1}{x}\right)^{\nu+\frac{1}{2}}.$$

[1] Keine Einschränkung wegen $J_0(z) = J_0(-z)$.

Zusammen:

(55)
$$J_0(x) \approx \frac{1}{\pi\sqrt{2\pi x}} \sum_{\nu=0}^{\infty} \frac{\Gamma^2\left(\nu+\frac{1}{2}\right)}{2^\nu \cdot \nu!} \left[e^{-i\left(\frac{\pi\nu}{2}+\frac{\pi}{4}-x\right)} + e^{i\left(\frac{\pi\nu}{2}+\frac{\pi}{4}-x\right)}\right] \cdot \frac{1}{x^\nu}$$

$$\approx \frac{1}{\pi}\sqrt{\frac{2}{\pi x}} \sum_{\nu=0}^{\infty} \frac{\Gamma^2\left(\nu+\frac{1}{2}\right)}{2^\nu \cdot \nu!} \cdot \frac{1}{x^\nu} \begin{Bmatrix} (-1)^{\nu/2} \cos\left(\frac{\pi}{4}-x\right) \\ (-1)^{\frac{\nu+1}{2}} \sin\left(\frac{\pi}{4}-x\right) \end{Bmatrix},$$

wobei in der letzten Formel der obere Ausdruck für gerade, der untere für ungerade ν zu nehmen ist.

Fall b: z komplex, nicht reell.

Wir setzen: $z = iw$, $|\operatorname{arc} w| \leqq \vartheta < \frac{\pi}{2}$. In diesem Falle leistet nach Satz I, Zusatz 1 nur der linke Randpunkt einen Beitrag.

(56)
$$J^+_{\xi=0} = \frac{1}{\sqrt{2\pi}} \sum_{\nu=0}^{\infty} \frac{\Gamma^2\left(\nu+\frac{1}{2}\right)}{2^\nu \cdot \nu!} \cdot \left(\frac{1}{w}\right)^{\nu+\frac{1}{2}}.$$

Oder auf z zurücktransformiert:

(57)
$$J_0(z) = J_0(iw) \approx \frac{e^w}{\pi\sqrt{2\pi}} \sum_{\nu=0}^{\infty} \frac{\Gamma^2\left(\nu+\frac{1}{2}\right)}{2^\nu \cdot \nu!} \cdot \left(\frac{1}{w}\right)^{\nu+\frac{1}{2}},$$

$$J_0(z) \approx \frac{e^{-i\left(z-\frac{\pi}{4}\right)}}{\pi\sqrt{2\pi z}} \sum_{\nu=0}^{\infty} \frac{\Gamma^2\left(\nu+\frac{1}{2}\right)}{2^\nu \cdot \nu!}\, e^{i\frac{\pi}{2}\nu} \cdot \frac{1}{z^\nu},$$

für $0 < \vartheta \leqq \operatorname{arc} z \leqq \pi - \vartheta$.

2. Beispiel:

Als zweites Beispiel wollen wir noch die Stirlingsche Reihe nach unserer Methode herleiten. Für reelle $x > 0$ ist:

$$(58)\qquad \Gamma(x+1) = \int_0^\infty t^x e^{-t}\,dt = x^{x+1} e^{-x} \int_0^\infty e^{-x(\tau-1-\log\tau)}\,d\tau$$

$$\text{mit } t = x\cdot\tau .$$

Wir entwickeln asymptotisch:

$$(59)\quad I = \int_0^\infty e^{-x\varphi(\tau)}\,d\tau, \quad \text{mit } \varphi(\tau) = \tau - 1 - \log\tau, \quad \varphi'(\tau) = 1 - \frac{1}{\tau}.$$

Es liegt Fall b vor, $\tau = 1$ ist ein innerer kritischer Punkt mit $\varphi(1) = 0$, das Integral konvergiert absolut und es ist außer an $\tau = 1$ überall $\varphi(\tau) > 0$. Damit ist Satz I mit Zusatz 1 anwendbar. Das Integral hängt allein vom Beitrag des kritischen Punktes $\tau = 1$ ab. Wir wollen nun die zugehörigen Entwicklungskoeffizienten a_ν berechnen. Führen wir zunächst die Variable u ein:

$$(60)\quad \varphi(\tau) = \varphi(1+h) = h - \log(1+h) = \frac{1}{2}u^2, \quad \varphi_2 = \frac{1}{2}\varphi''(1) = \frac{1}{2}.$$

Es muß nun $h = h(u)$ hergestellt werden. Wir wollen dies hier nicht durch Umkehrung der Potenzreihe erreichen, sondern wir stellen für $h(u)$ eine Differentialgleichung auf, in welche wir mit einem Reihenansatz eingehen. Durch Differenzieren von (60) folgt:

$$(61)\qquad h' - \frac{h'}{1+h} = u, \quad h'\cdot h = u(1+h).$$

Da in unserem Falle $g(\tau) = 1$, sind die gesuchten a_ν unmittelbar die Koeffizienten von $h'(u)$:

$$(62)\qquad h'(u) = \sum_{\nu=0}^\infty a_\nu u^\nu, \quad h(u) = \sum_{\nu=0}^\infty a_\nu \frac{u^{\nu+1}}{\nu+1}, \quad a_0 = 1.$$

Gehen wir damit in (61) ein

$$(63)\qquad \sum_{\mu=0}^\infty a_\mu u^\mu \cdot \sum_{\nu=1}^\infty a_{\nu-1}\frac{u^\nu}{\nu} = u + \sum_{\nu=0}^\infty a_\nu \frac{u^{\nu+2}}{\nu+1}$$

und vergleichen die Koeffizienten,

$$(64)\qquad \sum_{\mu=0}^{\nu-1} \frac{a_\mu a_{\nu-\mu-1}}{\nu-\mu} = \frac{a_{\nu-2}}{\nu-1},$$

so erhalten wir eine Rekursionsformel für a_ν:

$$(65)\qquad a_\nu = \frac{\nu+1}{\nu+2}\left[\frac{a_{\nu-1}}{\nu} - \sum_{\mu=1}^{\nu-1} \frac{a_\mu a_{\nu-\mu}}{\nu-\mu+1}\right], \quad \nu \geqq 1, \quad a_0 = 1.$$

Hiermit lassen sich die ersten a_ν leicht berechnen:

$$(66)\qquad a_0 = 1, \quad a_1 = \frac{2}{3}, \quad a_2 = \frac{1}{12}, \quad a_3 = -\frac{2}{135}, \quad a_4 = \frac{1}{864}, \quad \ldots$$

und wir können den Beitrag des kritischen Punktes nach (41) aufschreiben:

$$(67)\qquad I_\xi = \sqrt{\frac{2\pi}{x}}\left[1 + \frac{1}{12}\cdot\frac{1}{x} + \frac{1}{288}\cdot\frac{1}{x^2} + O\left(\frac{1}{x^3}\right)\right].$$

Damit folgt in (58) eingesetzt die Stirlingsche Reihe:

$$(68)\qquad \Gamma(x+1) = x^{x+\frac{1}{2}} e^{-x} \sqrt{2\pi}\left[1 + \frac{1}{12}\cdot\frac{1}{x} + \frac{1}{288}\cdot\frac{1}{x^2} + O\left(\frac{1}{x^3}\right)\right].$$

Verwenden wir für die Berechnung der a_ν Formel (49), so können wir auch für die Koeffizienten der Stirlingschen Reihe, wenn sie wie hier die Funktion selbst darstellt (nicht wie sonst üblich den Logarithmus), einen geschlossenen Ausdruck angeben.

$$(69)\qquad \Gamma(x+1) \approx x^{x+\frac{1}{2}} e^{-x} \sqrt{2\pi} \sum_{\nu=0}^{\infty} c_\nu \frac{1}{x^\nu}, \quad x \to \infty.$$

$$(70)\qquad c_\nu = \nu!!\, a_{2\nu} = \sum_{\tau=0}^{2\nu} (\nu+\tau)!!\, \Phi_{\tau, 2\nu+2\tau}.$$

$$(71)\qquad \Phi_{\tau,\sigma} = (-1)^{\tau+\sigma} \sum_{\substack{\gamma_3+\gamma_4\cdots+\gamma_\sigma=\tau \\ 3\gamma_3+4\gamma_4\cdots+\sigma\gamma_\sigma=\sigma}} \frac{1}{\gamma_3!\,\gamma_4!\ldots\gamma_\sigma!}\left(\frac{1}{3}\right)^{\gamma_3}\left(\frac{1}{4}\right)^{\gamma_4}\cdots\left(\frac{1}{\sigma}\right)^{\gamma_\sigma}.$$

2. Flächenintegrale

Im zweiten Teil der vorliegenden Arbeit sollen die gewonnenen Ergebnisse auf Flächenintegrale übertragen werden. Dabei ergeben sich fast wörtlich die gleichen Sätze, und auch die Beweise verlaufen analog.

Wir betrachten das Flächenintegral:

$$I = \iint_{\mathfrak{B}} g(x,y)\, e^{-p\varphi(x,y)}\, dx\, dy \tag{72}$$

für zwei Fälle des komplexen Parameters $p = \varkappa e^{i \operatorname{arc} p}$, $|p| = \varkappa \geqq 1$

Fall a: $|\operatorname{arc} p| = \frac{\pi}{2}$

Fall b: $|\operatorname{arc} p| \leqq \vartheta < \frac{\pi}{2}$

und machen noch folgende Voraussetzungen:

$\varphi(x,y)$ und $g(x,y)$ seien reelle im beschränkten abgeschlossenen Integrationsbereich $\mathfrak{B}$ unendlich oft differenzierbare von p unabhängige Funktionen der reellen Variablen x und y. $\varphi(x,y)$ sei an nur endlich vielen Punkten $P_{\xi\eta}$ von $\mathfrak{B}$, den kritischen Punkten erster Art, welche auch auf dem Rand von $\mathfrak{B}$ liegen können, stationär mit:

$$\frac{\partial \varphi}{\partial x} = 0, \quad \frac{\partial \varphi}{\partial y} = 0, \tag{73}$$

aber nicht alle höheren partiellen Ableitungen Null[1]. Die Randkurve von $\mathfrak{B}$ sei stückweise unendlich glatt, d.h. sie läßt sich stückweise darstellen durch:

$$f(x,y) = 0,$$

mit unendlich oft differenzierbaren $f(x,y)$ und nicht zugleich verschwindenden ersten partiellen Ableitungen. Randpunkte, in denen:

$$\begin{vmatrix} f_x & f_y \\ \varphi_x & \varphi_y \end{vmatrix} = 0, \tag{74}$$

[1] Genauere Voraussetzungen über die höheren Ableitungen werden beim Beweis von Satz IV gemacht.

d. h. in denen die Richtungsableitung von $\varphi(x, y)$ längs des Randes verschwindet, heißen kritische Punkte zweiter Art. Die eventuell vorhandenen Unstetigkeitspunkte der Randkurve, in welchen die Tangente oder auch nur die Krümmung (evtl. erst in höherer Ordnung) einen Sprung erleidet, sind die kritischen Punkte dritter Art. Die kritischen Punkte der verschiedenen Arten können zusammenfallen.

$\varphi(x, y)$, $g(x, y)$ und $f(x, y)$ seien an den kritischen Punkten in absolut konvergente Potenzreihen entwickelbar. Im Falle b gelte noch zusätzlich:

$$\varphi(x, y) \geqq 0 \quad \text{in } \mathfrak{B}. \tag{75}$$

Satz III:

Der Wert des Integrals (72) ist für $p \to \infty$ asymptotisch gleich der Summe der Beiträge, welche das Integral in der Umgebung der kritischen Punkte erhält.

Beweis:

Wir verallgemeinern die Neutralisatorfunktion auf zwei Variable.

Definition:

Die Neutralisatorfunktion $N_{\xi\eta}(x, y)$ ist für alle x und y unendlich oft differenzierbar und genügt den Bedingungen:

$$\begin{aligned} N_{\xi\eta}(x, y) &= 1 \quad \text{für alle } x, y \text{ innerhalb und auf dem Rand des Bereiches } E. \\ N_{\xi\eta}(x, y) &= 0 \quad \text{für alle } x, y \text{ außerhalb und auf dem Rand des Bereiches } \Delta. \end{aligned} \tag{76}$$

Dann gilt auch:

$$\frac{\partial^{\nu+\mu} N_{\xi\eta}(x, y)}{\partial x^{\nu}\, \partial y^{\mu}} = 0 \quad \text{für alle } x, y \text{ innerhalb bzw. außerhalb und auf den Rändern der Bereiche } E \text{ bzw. } \Delta. \tag{77}$$

Die Bereiche E und Δ sind dabei Umgebungen des Punktes ξ, η, und der abgeschlossene Bereich E liege ganz im Innern des Bereiches Δ.

Die Realisierung des Flächenneutralisators kann mittels der Hilfsfunktion (3) rotationssymmetrisch erfolgen,

$$(78)\quad N_{\xi\eta}=\begin{cases}1 & \varrho\leqq\varepsilon \\ H\left(\dfrac{\varrho-\varepsilon}{\delta-\varepsilon}\right) & \varepsilon\leqq\varrho\leqq\delta \\ 0 & \delta\leqq\varrho,\end{cases}\qquad \begin{aligned}&\text{mit } \varrho=+\sqrt{(x-\xi)^2+(y-\eta)^2}\\ &\Delta\equiv\delta\text{-Kreis}\\ &E\equiv\varepsilon\text{-Kreis},\end{aligned}$$

oder durch Produktbildung aus zwei einfachen Neutralisatoren, mit den gleichen Intervallen ε und δ.

$$(79)\quad \begin{aligned}&N_{\xi\eta}(x,y)=N_{\xi}(x)\cdot N_{\eta}(y),\\ &\Delta\equiv\begin{Bmatrix}|x-\xi|\leqq\delta\\ |y-\eta|\leqq\delta\end{Bmatrix},\quad E\equiv\begin{Bmatrix}|x-\xi|\leqq\varepsilon\\ |y-\eta|\leqq\varepsilon\end{Bmatrix}.\end{aligned}$$

Für das weitere wollen wir uns auf keine spezielle Realisierung der Neutralisatorfunktion festlegen, sondern diese erst im gegebenen Falle geeignet wählen. Wir bilden nun an jedem kritischen Punkte $P_{\xi\eta}$ des abgeschlossenen Integrationsbereiches $\mathfrak{B}$ einen solchen Flächenneutralisator $N_{\xi\eta}$ und wählen die zugehörigen Bereiche Δ so klein, daß sie sich nicht überdecken. Dann ist jedem $P_{\xi\eta}$ auch ein Bereich E zugeordnet. Wir spalten nun Integral (72) in die Anteile der kritischen Punkte und einen Rest auf:

$$(80)\quad I=\sum_{(\xi\eta)}\iint_{\mathfrak{B}}N_{\xi\eta}(x,y)\,g(x,y)\,e^{-p\varphi(x,y)}\,dx\,dy+R$$

$$(81)\quad \text{mit } R=\iint_{\mathfrak{B}}K(x,y)\,e^{-p\varphi(x,y)}\,dx\,dy,\qquad K(x,y)=g(x,y)\Big(1-\sum_{(\xi\eta)}N_{\xi\eta}(x,y)\Big).$$

$K(x,y)$ ist ebenfalls unendlich oft differenzierbar und verschwindet mit allen Ableitungen in den Bereichen E der $P_{\xi\eta}$. Wir wollen nun eine weitere Zerlegung des Restintegrals vornehmen. Dazu ordnen wir auch allen übrigen nichtkritischen Punkten P_{XY} von $\mathfrak{B}$ einen Neutralisator N_{XY} zu. Da an jedem Punkt P_{XY} entweder $\varphi_x\neq 0$ oder $\varphi_y\neq 0$ ist, können wir für die inneren Punkte P_{XY}

von $\mathfrak{B}$ die zugehörigen Bereiche $\varDelta$ so klein wählen, daß sie ganz im Innern von $\mathfrak{B}$ liegen, und daß in ihnen $z = \varphi(x, y)$ nach x bzw. y auflösbar ist. Für die nichtkritischen Randpunkte P_{XY} ist darüber hinaus noch $\varphi_x f_y - \varphi_y f_x \neq 0$ und wir wählen die zugehörigen Bereiche $\varDelta$ so klein, daß sich in ihnen $z = \varphi(x, y)$ und $t = f(x, y)$ nach x und y auflösen lassen. Wir haben damit allen Punkten des abgeschlossenen Bereichs $\mathfrak{B}$ einen Neutralisator und dadurch Bereiche $\varDelta$ und E zugeordnet, und es lassen sich nach dem Heine-Borelschen Überdeckungssatz endlich viele Punkte auswählen, so daß ganz $\mathfrak{B}$ von den zugeordneten Bereichen E überdeckt wird. Wir nehmen dazu zunächst die kritischen Punkte $P_{\xi\eta}$ und dann noch n Punkte $P_{X_\nu Y_\nu}$. Mit Hilfe der so ausgewählten n Punkte $P_{X_\nu Y_\nu}$ und ihrer Neutralisatoren $N_{X_\nu Y_\nu}$ läßt sich (81) weiter zerlegen.

$$(82)\qquad \begin{aligned} R = \iint_{\mathfrak{B}} K(x, y) \cdot \prod_{\nu=1}^{n} (1 - N_{X_\nu Y_\nu}(x, y))\, e^{-p\varphi(x,y)}\, dx\, dy \\ + \sum_{l=1}^{n} \iint_{\mathfrak{B}} L_l(x, y)\, e^{-p\varphi(x,y)}\, dx\, dy \end{aligned}$$

mit $L_l(x, y) = K(x, y) \cdot N_{X_l Y_l}(x, y) \prod_{\nu=l+1}^{n} (1 - N_{X_\nu Y_\nu}(x, y))$, $\quad l = 1 \,.\,. \, n-1$,

$L_n(x, y) = K(x, y)\, N_{X_n Y_n}(x, y)$.

Jedes $L_l(x, y)$ ist dann unendlich oft differenzierbar und verschwindet infolge des Faktors $N_{X_l Y_l}$ mit sämtlichen Ableitungen außerhalb und auf dem Rand des Bereiches $\varDelta$ von $P_{X_l Y_l}$, welcher kurz mit $\varDelta_l$ bezeichnet sei. Das erste Integral von (82) ist Null, weil das im Integranten auftretende Produkt $K(x, y) \prod_{\nu=1}^{n} (1 - N_{X_\nu Y_\nu}(x, y))$ im ganzen Integrationsgebiet $\mathfrak{B}$ verschwindet, denn innerhalb der Bereiche E von $P_{\xi\eta}$ bzw. $P_{X_\nu Y_\nu}$ ist $K(x, y) = 0$ bzw. $1 - N_{X_\nu Y_\nu} = 0$. Die Bereiche E überdecken aber nach Konstruktion den ganzen Integrationsbereich $\mathfrak{B}$. Dadurch geht das Restglied über in:

$$(83)\qquad R = \sum_{l=1}^{n} \iint_{\varDelta_l \text{ bzw. } \bar{\varDelta}_l} L_l(x, y)\, e^{-p\varphi(x,y)}\, dx\, dy.$$

Dabei ist bei den zu Randpunkten gehörigen Bereichen Δ_l nur über den innerhalb $\mathfrak{B}$ gelegenen Teilbereich $\overline{\Delta}_l$ zu integrieren. Wir schätzen nun die in der Summe (83) auftretenden Integrale ab. Es sei zunächst $P_{X_\nu Y_\nu}$ ein innerer Punkt von $\mathfrak{B}$, dann liegt nach Konstruktion auch der Bereich Δ_l ganz im Innern von $\mathfrak{B}$. Gilt etwa $\varphi_x \neq 0$, so können wir $z = \varphi(x, y)$ nach x auflösen und mittels der erhaltenen Umkehrfunktion $x = x(z, y)$ das Integral auf die Variable z und y transformieren.

$$(84)\quad \iint_{\Delta_l} L_l(x, y)\, e^{-p\varphi(x,y)}\, dx\, dy = \iint_{\Delta_l^*} L_l(x(z, y), y)\, e^{-pz} \frac{1}{\varphi_x}\, dz\, dy.$$

Δ_l^* sei das Bildgebiet von Δ_l. Wir integrieren nun m-mal partiell nach z. Die ausintegrierten Terme verschwinden mit L_l und seinen Ableitungen am Rand von Δ_l^*.

$$(85)\quad \iint_{\Delta_l^*} \frac{L_l}{\varphi_x} e^{-pz}\, dz\, dy = \frac{1}{p^m} \iint_{\Delta_l^*} \frac{\partial^m}{\partial z^m} \left(\frac{L_l}{\varphi_x}\right) e^{-pz}\, dz\, dy.$$

Wegen $|e^{-p\varphi(x,y)}| \leqq 1$ hat der Integrant auf der rechten Seite in (85) eine von p unabhängige Schranke und es ergibt sich die Abschätzung:

$$(86)\quad \left|\iint_{\Delta_l} L_l(x, y)\, e^{-p\varphi(x,y)}\, dx\, dy\right| \leqq \frac{1}{|p|^m} C_m,$$

wobei C_m unabhängig von p und m beliebig groß ist.

Gilt für den inneren Punkt $P_{X_l Y_l}$ dagegen $\varphi_y \neq 0$, so lösen wir $z = \varphi(x, y)$ nach y auf und erhalten auf dem analogen Wege die gleiche Abschätzung.

Betrachten wir nun die auf dem Rand von $\mathfrak{B}$ liegenden Punkte $P_{X_l Y_l}$. Nach Konstruktion lassen sich dann im Teilbereich $\overline{\Delta}_l$ die Funktionen $z = \varphi(x, y)$, $t = f(x, y)$ nach x und y auflösen, und wir können mittels der erhaltenen Umkehrfunktionen $x = x(z, t)$, $y = y(z, t)$ das zu $P_{X_l Y_l}$ gehörige Integral von (83) auf z und t transformieren.

$$\iint\limits_{\bar{\Delta}_l} L_l(x,y)\, e^{-p\varphi(x,y)}\, dx\, dy = \iint\limits_{\bar{\Delta}_l^*} L_l(x(z,t), y(z,t))\, e^{-pz} \frac{\partial(x,y)}{\partial(t,z)}\, dt\, dz. \tag{87}$$

$\bar{\Delta}_l^*$ sei das Bildgebiet von $\bar{\Delta}_l$. Ein Stück des Randes von $\bar{\Delta}_l^*$ wird durch $t=0$ gebildet. Außer auf diesem Randstück verschwindet L_l mit sämtlichen Ableitungen auf dem Rand von $\bar{\Delta}_l^*$. Integrieren wir wieder m-mal partiell nach z, so verschwinden damit alle ausintegrierten Terme und wir erhalten

$$\iint\limits_{\bar{\Delta}_l} L_l(x,y)\, e^{-p\varphi(x,y)}\, dx\, dy = \frac{1}{p^m} \iint\limits_{\bar{\Delta}_l^*} \frac{\partial^m}{\partial z^m}\left(L_l \frac{\partial(x,y)}{\partial(t,z)}\right) e^{-pz}\, dt\, dz \tag{88}$$

und somit analog zu (86) die Abschätzung

$$\left|\iint\limits_{\bar{\Delta}_l} L_l(x,y)\, e^{-p\varphi(x,y)}\, dx\, dy\right| \leqslant \frac{1}{|p|^m} \cdot C_m \tag{89}$$

mit von p unabhängigen C_m und beliebig großem m.

Mit (86) und (89) sind nun alle Teilintegrale des Restgliedes (83) abgeschätzt und es folgt zusammen:

$$(90)\quad \begin{aligned} &|R| \leqslant \frac{1}{|p|^m} \cdot C_m \quad \text{für beliebig großes } m \text{ und } C_m \text{ unabhängig von } p,^{1} \\ &\text{also:}\quad R = O\left(\frac{1}{|p|^\infty}\right) \\ &\qquad\quad R \approx 0. \end{aligned}$$

Damit ist Satz III bewiesen und läßt sich folgendermaßen formulieren:

$$(91)\quad \begin{aligned} I &= \iint\limits_{\mathfrak{B}} g(x,y)\, e^{-p\varphi(x,y)}\, dx\, dy \approx \sum_{(\xi\eta)} I_{\xi\eta}, \\ I_{\xi\eta} &= \iint\limits_{\Delta_{\xi\eta} \text{ bzw. } \bar{\Delta}_{\xi\eta}} N_{\xi\eta}(x,y)\, g(x,y)\, e^{-p\varphi(x,y)}\, dx\, dy. \end{aligned}$$

[1] Die in (86), (89) und (90) auftretenden C_m sind natürlich verschiedene Konstante.

Zusatz zu Satz III:

Im Falle b, $|\text{arc}\, p| \leqslant \vartheta < \frac{\pi}{2}$, leisten nur die kritischen Punkte $P_{\xi\eta}$ mit $\varphi(\xi, \eta) = 0$ einen Beitrag zur asymptotischen Näherung, und die Voraussetzungen von Satz III brauchen nur in den Bereichen Δ von $P_{\xi\eta}$ erfüllt zu sein, falls noch gilt:

(92)
$$\iint\limits_{\mathfrak{B}} |g(x,y)\, e^{-p_0 \varphi(x,y)}|\, dx\, dy \quad \text{existiert für ein festes } p_0$$
$$\varphi(x,y) \geqslant S > 0 \quad \text{in } \mathfrak{B} \text{ außerhalb der Bereiche } E \text{ von } P_{\xi\eta} \text{ mit } \varphi(x,y) = 0.$$

Diese Bemerkung gilt auch für uneigentliche Flächenintegrale, wobei die Zusatzforderungen dann lauten:

(93)
$$\iint\limits_{\mathfrak{B}_\infty} g(x,y)\, e^{-p_0 \varphi(x,y)}\, dx\, dy \quad \text{absolut konvergent für ein festes } p_0$$
$$\varphi(x,y) \geqslant S > 0 \quad \text{im unendlichen Bereich } \mathfrak{B} \text{ außerhalb der Bereiche } E \text{ von } P_{\xi\eta} \text{ mit } \varphi(x,y) = 0.$$

Der Beweis ist dem bei Einfachintegralen völlig analog und kann deshalb übergangen werden.

Satz IV:

Die Beiträge $I_{\xi\eta}$ der einzelnen kritischen Punkte lassen sich in asymptotische Reihen nach fallenden Potenzen von p entwickeln.

Beweis:

1. Kritische Punkte erster Art (Innere Punkte):

(94) mit $\varphi_{xx}\, \varphi_{yy} - \varphi_{xy}^2 \neq 0.$

Wir gehen durch eine affine Transformation zu Koordinaten h und k über und bringen damit die gemischte zweite Ableitung φ_{hk} an $P_{\xi\eta}$ zum Verschwinden:

(95)
$$x = \xi + a h + b k \qquad \begin{vmatrix} a & b \\ c & d \end{vmatrix} = 1$$
$$y = \eta + c h + d k,$$

mit:

$$(96)\qquad \begin{gathered}\varphi_{hk} = ab\,\varphi_{xx} + (bc + ad)\,\varphi_{xy} + cd\,\varphi_{yy} = 0\\ \text{für}\quad x = \xi,\ y = \eta \quad \text{bzw.}\quad h = 0,\ k = 0.\end{gathered}$$

Ansonsten ist die spezielle Wahl der Transformationsmatrix beliebig, also etwa:

$$\text{bei: } \varphi_{xx} \neq 0, \qquad \begin{pmatrix} a & b \\ c & d \end{pmatrix} = \begin{pmatrix} 1 & -\dfrac{\varphi_{xy}}{\varphi_{xx}} \\ 0 & 1 \end{pmatrix}$$

$$(97)\qquad \text{bei: } \varphi_{yy} \neq 0, \qquad \begin{pmatrix} a & b \\ c & d \end{pmatrix} = \begin{pmatrix} 1 & 0 \\ -\dfrac{\varphi_{xy}}{\varphi_{yy}} & 1 \end{pmatrix}$$

$$\text{bei: } \varphi_{xx} = \varphi_{yy} = 0, \qquad \begin{pmatrix} a & b \\ c & d \end{pmatrix} = \frac{1}{2}\begin{pmatrix} 1 & 1 \\ -1 & 1 \end{pmatrix}.$$

Unabhängig von der speziell gewählten Transformation ist aber wegen der Normierung stets:

$$(98)\qquad \varphi_{xx}\,\varphi_{yy} - \varphi_{xy}^2 = \varphi_{hh}\,\varphi_{kk}.$$

Entwickeln wir nun $\varphi(x, y)$ und $g(x, y)$ an $P_{\xi\eta}$ nach h und k.

$$(99)\qquad \varphi(x, y) = \varphi(\xi, \eta) + \sum_{\substack{\nu = 2 \\ \mu = 0 \ldots \nu}}^{\infty} \varphi_{\mu, \nu - \mu}\, h^{\mu}\, k^{\nu - \mu}$$

$$\text{mit}\quad \varphi_{\mu, \nu - \mu} = \frac{1}{\mu!\,(\nu - \mu)!}\,\frac{\partial^{\nu} \varphi}{\partial^{\mu} h\, \partial^{\nu - \mu} k}.$$

Wir spalten die erhaltene Reihe symmetrisch in zwei Teilreihen auf, welche wegen der vorausgesetzten absoluten Konvergenz von (99) selbst absolut konvergieren, und machen damit einen Ansatz für die neuen Variablen u und v[1].

[1] Die Aufspaltung könnte auch anders erfolgen, jedoch ist die symmetrische für die praktische Berechnung der Koeffizienten am günstigsten.

$$\varphi_{20} u^2 = \varphi_{20} h^2 + \varphi_{30} h^3 + \varphi_{21} h^2 k + \varphi_{40} h^4 + \varphi_{31} h^3 k + \frac{1}{2} \varphi_{22} h^2 k^2 + \varphi_{50} h^5 \ldots$$

(100) $$\varphi_{02} v^2 = \varphi_{02} k^2 + \varphi_{03} k^3 + \varphi_{12} k^2 h + \varphi_{04} k^4 + \varphi_{13} k^3 h + \frac{1}{2} \varphi_{22} k^2 h^2 + \varphi_{05} k^5 \ldots$$

$$\varphi(x, y) = \varphi(\xi, \eta) + \varphi_{20} u^2 + \varphi_{02} v^2.$$

Nach dem erweiterten Binomischen Satz ist dann

(101) $$u = h(1 + \mathfrak{P}(h, k)), \quad v = k(1 + \mathfrak{P}(h, k))$$ [1]

und die $u(h, k)$ und $v(h, k)$ können durch Potenzreihen nach h und k aufgelöst werden, da die Funktionaldeterminante in $h = 0$, $k = 0$ gleich eins ist.

(102) $$h = u(1 + \mathfrak{P}(u, v)), \quad k = v(1 + \mathfrak{P}(u, v)).$$

Wir transformieren nun den Integralbeitrag $I_{\xi\eta}$ auf die Variablen u und v. Zunächst ergibt sich:

(103) $$g(x, y)\, dx\, dy = g(x(u, v), y(u, v)) \cdot \frac{\partial(h, k)}{\partial(u, v)} \cdot du\, dv = \sum_{\substack{\nu = 0 \\ \mu = 0 \ldots \nu}}^{\infty} a_{\mu, \nu - \mu}\, u^{\mu} v^{\nu - \mu}\, du\, dv.$$

Die explizite Berechnung der $a_{\mu, \nu-\mu}$ erfolgt wieder durch Reihenansatz und Koeffizientenvergleich.

Die Neutralisatorfunktion transformiert sich dadurch:

(104) $$N_{\xi\eta}(x, y) = N_{00}(h, k) = N_{00}^{*}(u, v),$$

wobei ihre charakteristischen Eigenschaften erhalten bleiben. Das Bildgebiet des Bereichs $\Delta_{\xi\eta}$ sei Δ^*, und zwar sei $\Delta_{\xi\eta}$ von vornherein so klein gewählt, daß die Reihe (103) in dem dann hinreichend kleinen abgeschlossenen Bereich Δ^* absolut und gleichmäßig konvergiert. Dann läßt sich die Reihe auch nach Hereinmultiplikation

[1] Die $\mathfrak{P}(h, k)$ sind natürlich verschiedene Potenzreihen.

der noch im Integranten stehenden Funktionen über den Bereich Δ^* gliedweise integrieren und wir erhalten für den Integralbeitrag $I_{\xi\eta}$:

$$
\begin{aligned}
I_{\xi\eta} &= \iint_{I_{\xi\eta}} N_{\xi\eta}(x,y)\, g(x,y)\, e^{-p\varphi(x,y)}\, dx\, dy \\
&= e^{-p\varphi(\xi,\eta)} \iint_{\Delta^*} N_{00}^*(u,v) \sum_{\substack{\nu=0\\ \mu=0\ldots\nu}}^{\infty} a_{\mu,\nu-\mu}\, u^\mu v^{\nu-\mu} e^{-p(\varphi_{20}u^2+\varphi_{02}v^2)}\, du\, dv \qquad (105)\\
&= e^{-p\varphi(\xi,\eta)} \sum_{\substack{\nu=0\\ \mu=0\ldots\nu}}^{\infty} a_{\mu,\nu-\mu} \iint_{\Delta^*} N_{00}^*(u,v)\, u^\mu v^{\nu-\mu} e^{-p(\varphi_{20}u^2+\varphi_{02}v^2)}\, du\, dv.
\end{aligned}
$$

Zur Berechnung der einzelnen Glieder von (105) wollen wir nun speziell über N_{00}^* und Δ^* verfügen, was uns noch freisteht.

$$(106)\quad N_{00}^*(u,v) = N_0^*(u)\cdot N_0^*(v),\quad \Delta^* \equiv \begin{Bmatrix} |u| \leqq \delta^* \\ |v| \leqq \delta^* \end{Bmatrix},\quad E^* \equiv \begin{Bmatrix} |u| \leqq \varepsilon^* \\ |v| \leqq \varepsilon^* \end{Bmatrix}.$$

Das δ^*-Intervall des linearen Neutralisators N_0^* ist entsprechend den oben über Δ^* gemachten Voraussetzungen hinreichend klein zu wählen. Mit dieser speziellen Neutralisatorfunktion lassen sich die einzelnen Flächenintegrale in (105) auf iterierte Einzelintegrale zurückführen und nach den Formeln (33) ff. asymptotisch berechnen.

$$
\begin{aligned}
&\iint_{\Delta^*} N_{00}^*(u,v)\, u^\mu v^{\nu-\mu} e^{-p(\varphi_{20}u^2+\varphi_{02}v^2)}\, du\, dv \\
&= \int_{-\delta^*}^{\delta^*} N_0^*(u)\, u^\mu e^{-p\varphi_{20}u^2}\, du \int_{-\delta^*}^{\delta^*} N_0^*(v)\, v^{\nu-\mu} e^{-p\varphi_{02}v^2}\, dv \\
&\approx \frac{1+(-1)^\mu}{2}\left(\frac{1}{\varphi_{20}p}\right)^{\frac{\mu+1}{2}} \Gamma\left(\frac{\mu+1}{2}\right) \frac{1+(-1)^{\nu-\mu}}{2}\left(\frac{1}{\varphi_{02}p}\right)^{\frac{\nu-\mu+1}{2}} \Gamma\left(\frac{\nu-\mu+1}{2}\right), \qquad (107)\\
&\approx \begin{cases} \dfrac{\pi}{\sqrt{\varphi_{20}\varphi_{02}}}\, \dfrac{m!!\,(n-m)!!}{(2\varphi_{20})^m (2\varphi_{02})^{n-m}}\cdot \dfrac{1}{p^{n+1}}, & \text{für } \mu = 2m,\ \nu = 2n \\ & m, n \text{ ganz} \\ 0 & \text{für } \mu \text{ oder } \nu \\ & \text{ungerade} \end{cases}
\end{aligned}
$$

$$\text{für}\quad |\operatorname{arc} p| \leqq \frac{\pi}{2},\quad \varphi_{20} > 0,\quad \varphi_{02} > 0.$$

Im Fall b ist die Forderung $\varphi_{20} > 0$, $\varphi_{02} > 0$ an den beitragleistenden kritischen Punkten mit $\varphi(\xi, \eta) = 0$ von selbst erfüllt. Im Fall a, $p = i\varkappa$, können wir uns entsprechend (34) und (36) von ihr befreien.

$$\iint\limits_{\Delta^*} N_{00}^*(u, v)\, u^\mu\, v^{\nu-\mu}\, e^{-i\varkappa(\varphi_{20} u^2 + \varphi_{02} v^2)}\, du\, dv$$

$$\approx \begin{cases} \dfrac{\pi j}{\sqrt{|\varphi_{20}\varphi_{02}|}} \dfrac{m!!(n-m)!!}{(2\varphi_{20})^m (2\varphi_{02})^{n-m}} \left(\dfrac{1}{i\varkappa}\right)^{n+1}, & \text{für } \mu = 2m,\ \nu = 2n,\ m, n \text{ ganz} \\ 0, & \text{für } \mu \text{ oder } \nu \text{ ungerade} \end{cases} \tag{108}$$

$$\text{wobei: } j = \begin{cases} 1 & \\ -1 & \text{für} \\ i & \end{cases} \begin{matrix} \varphi_{20} > 0,\ \varphi_{02} > 0 \\ \varphi_{20} < 0,\ \varphi_{02} < 0 \\ \varphi_{20}\varphi_{02} < 0. \end{matrix}$$

Setzen wir die asymptotischen Näherungen (107) bzw. (108) in die konvergente Entwicklung (105) ein, so geht diese in die behauptete asymptotische Entwicklung für den Integralanteil $I_{\xi\eta}$ über.

Fall a:

$$I_{\xi\eta} \approx e^{-i\varkappa\varphi(\xi,\eta)} \frac{2\pi j}{\sqrt{|\varphi_{xx}\varphi_{yy} - \varphi_{xy}^2|}} \sum_{n=0}^{\infty} A_n \left(\frac{1}{i\varkappa}\right)^{n+1},$$

$$A_n = \sum_{\nu=0}^{n} a_{2\nu, 2(n-\nu)} \frac{\nu!!(n-\nu)!!}{(2\varphi_{20})^\nu (2\varphi_{02})^{n-\nu}}, \tag{109}$$

$$\text{mit: } j = \begin{cases} 1 & \\ -1 & \text{für} \\ i & \end{cases} \begin{matrix} \varphi_{xx}\varphi_{yy} - \varphi_{xy}^2 > 0,\ \varphi_{xx} > 0 \\ \varphi_{xx}\varphi_{yy} - \varphi_{xy}^2 > 0,\ \varphi_{xx} < 0 \\ \varphi_{xx}\varphi_{yy} - \varphi_{xy}^2 < 0 \end{matrix}$$

$$\nu!! = 1 \cdot 3 \ldots (2\nu - 1).$$

Fall b:

$$I_{\xi\eta} \approx \frac{2\pi}{\sqrt{\varphi_{xx}\varphi_{yy} - \varphi_{xy}^2}} \sum_{n=0}^{\infty} A_n \left(\frac{1}{p}\right)^{n+1}, \tag{110}$$

mit $\varphi(\xi, \eta) = 0$, $\varphi_{xx}\varphi_{yy} - \varphi_{xy}^2 > 0$, $\varphi_{20} > 0$, $\varphi_{02} > 0$.

Die a_ν berechnen sich nach (103). Das erste Glied der asymptotischen Entwicklung steht mit $A_0 = g(\xi, \eta)$ unmittelbar da. Ein geschlossener Ausdruck für die A_n wird in (114) gegeben. Die im Fall b gemachten Zusatzbedingungen sind an den maßgebenden kritischen Punkten von selbst erfüllt.

Anmerkung:

Auch bei Flächenintegralen läßt sich die asymptotische Entwicklung von $I_{\xi\eta}$ auf dem S. 19ff. beschriebenen indirekten Weg erhalten. Wir entwickeln dazu den Integranten von $I_{\xi\eta}$ sofort nach dem in (95) eingeführten h und k und wählen als Flächenneutralisator $N_{00}(h,k) = N_0(h) N_0(k)$ mit hinreichend kleinem δ, so daß die Entwicklungen (111) im abgeschlossenen Bereich Δ_{00} absolut konvergieren.

$$
\begin{aligned}
I_{\xi\eta} &= \iint\limits_{\Delta_{\xi\eta}} N_{\xi\eta}(x,y)\, g(x,y)\, e^{-p\varphi(x,y)} \\
&= \iint\limits_{\Delta_{00}} N_{00}(h,k) \sum_{\nu,\mu=0}^{\infty} g_{\nu,\mu}\, h^\nu k^\mu\, e^{-p(\varphi(\xi,\eta) + \varphi_{20} h^2 + \varphi_{02} k^2)} \\
(111) \qquad & \qquad\qquad e^{-p \sum\limits_{\nu+\mu \geqq 3} \varphi_{\nu,\mu} h^\nu k^\mu}\, dh\, dk \\
&= \iint\limits_{\Delta_{00}} N_{00}(h.k)\, e^{-p(\varphi(\xi,\eta) + \varphi_{20} h^2 + \varphi_{02} k^2)} \sum_{s,r=0}^{\infty} h^s k^r \sum_{\substack{\nu+\sigma=s \\ \mu+\varrho=r}} g_{\nu,\mu} \sum_{3\tau \leqq \sigma+\varrho} p^\tau \\
&\qquad \cdot \Phi_{\tau,\sigma,\varrho}\, dh\, dk
\end{aligned}
$$

mit:

$$
(112) \quad \Phi_{\tau,\sigma,\varrho} = (-1)^\tau \sum_{\substack{\gamma_{30} + \gamma_{21} + \cdots \gamma_{0,\sigma+\varrho} = \tau \\ 3\gamma_{30} + 2\gamma_{21} + \cdots 0\gamma_{0,\sigma+\varrho} = \sigma \\ 0\gamma_{30} + 1\gamma_{21} + \cdots (\sigma+\varrho)\gamma_{0,\sigma+\varrho} = \varrho}} \frac{\varphi_{30}^{\gamma_{30}}\, \varphi_{21}^{\gamma_{21}}\, \varphi_{12}^{\gamma_{12}}\, \varphi_{03}^{\gamma_{03}} \cdots \varphi_{0,\sigma+\varrho}^{\gamma_{0,\sigma+\varrho}}}{\gamma_{30}!\, \gamma_{21}!\, \gamma_{12}!\, \gamma_{03}! \cdots \gamma_{0,\sigma+\varrho}!},
$$

[1] [2]

Wir müssen nun analog zu (46) die Reihe umordnen. Dazu erweitern wir h und k mit $p^{1/2}$ und ordnen nach fallenden Potenzen

---

[1] Alle hiernach nicht existierenden $\Phi_{\tau,\sigma,\varrho}$ sind Null zu setzen.

[2] D. h. es ist über alle Kombinationen mit $\Sigma\gamma_{\nu\mu} = \tau$, $\Sigma\nu\gamma_{\nu\mu} = \sigma$, $\Sigma\mu\gamma_{\nu\mu} = \varrho$; $\nu + \mu = 3 \ldots \sigma + \varrho$, zu summieren.

$p^{\frac{2\tau-s-r}{2}} = \left(\frac{1}{p}\right)^{\frac{n}{2}}$, was wegen der absoluten Konvergenz erlaubt ist. Integrieren wir noch gliedweise, so ergibt sich:

$$I_{\xi\eta} = e^{-p\varphi(\xi,\eta)} \sum_{n=0}^{\infty} \left(\frac{1}{p}\right)^{\frac{n}{2}} \sum_{\tau=0}^{n} \sum_{s+r=n+2\tau} \sum_{\substack{\sigma=0\ldots s\\ \varrho=0\ldots r\\ \sigma+\varrho\geqq 3\tau}} g_{s-\sigma,r-\varrho} \tag{113}$$

$$\cdot \Phi_{\tau,\sigma,\varrho}\, p^{\frac{s+r}{2}} \int_{-\delta}^{\delta} N_0(h) h^s e^{-p\varphi_{20}h^2} dh \int_{-\delta}^{\delta} N_0(k) k^r e^{-p\varphi_{02}k^2} dk.$$

Ersetzen wir die Integrale durch ihre asymptotischen Näherungen analog zu (107), so erhalten wir die asymptotische Entwicklung von $I_{\xi\eta}$, welche natürlich mit (110) übereinstimmen muß. Der Vergleich ergibt für die A_n den geschlossenen Ausdruck:

$$A_n = \sum_{\tau=0}^{2n} \sum_{s+r=n+\tau} \frac{s!!\,r!!}{(2\varphi_{20})^s (2\varphi_{02})^r} \sum_{\substack{\sigma=0\ldots 2s\\ \varrho=0\ldots 2r\\ \sigma+\varrho\geqq 3\tau}} g_{2s-\sigma,2r-\varrho}\, \Phi_{\tau,\sigma,\varrho}\,. \tag{114}$$

2. Kritische Punkte zweiter Art (Randpunkte):

$$\text{mit:} \quad \begin{vmatrix} \varphi_x & \varphi_y \\ f_x & f_y \end{vmatrix} = 0, \tag{115}$$

aber: $\varphi_x \neq 0$ oder $\varphi_y \neq 0, \quad f_x \neq 0$ oder $f_y \neq 0$.

Unterwerfen wir $f(x, y)$ und $\varphi(x, y)$ einer affinen Transformation (Schema wie (95)) mit:

$$b : d = -f_y : f_x = -\varphi_y : \varphi_x \tag{116}$$

und normieren noch so, daß $\operatorname{sig} f_h(\xi, \eta) = \operatorname{sig} f(x, y)$ für x, y innerhalb $\mathfrak{B}$, d. h. die positive h-Achse zeigt in das Innere von $\mathfrak{B}$, die k-Achse in Richtung der Randkurve. Die nach Voraussetzung absolut konvergenten Entwicklungen nach h und k lauten dann:

$$(117)\qquad \begin{aligned} f(x,y) &= f_{10}h + f_{20}h^2 + f_{11}hk + f_{02}k^2 \dots \\ \varphi(x,y) &= \varphi(\xi,\eta) + \varphi_{10}h + \varphi_{20}h^2 + \varphi_{11}hk + \varphi_{02}k^2 \dots \end{aligned}$$

Machen wir den Rand zur Koordinatenlinie $\bar{h} = 0$:

$$(118)\qquad f_{10}\bar{h} = f_{10}h + f_{20}h^2 + f_{11}hk + f_{02}k^2 \dots, \qquad \bar{k} = k,$$

lösen nach h und k auf und setzen in die Entwicklung (117) ein:

$$(119)\quad \varphi(x,y) = \varphi(\xi,\eta) + \bar{\varphi}_{10}\bar{h} + \bar{\varphi}_{20}\bar{h}^2 + \bar{\varphi}_{11}\bar{h}\bar{k} + \bar{\varphi}_{02}\bar{k}^2 + \dots$$

Durch Aufspaltung von (119) in zwei ebenfalls absolut konvergente Teilreihen führen wir die neuen Variablen u und v ein.

$$(120)\quad \begin{aligned} \bar{\varphi}_{10}u &= \bar{\varphi}_{10}\bar{h} + \bar{\varphi}_{20}\bar{h}^2 + \bar{\varphi}_{11}\bar{h}\bar{k} + \bar{\varphi}_{30}\bar{h}^3 + \dots, & u &= \bar{h}(1+\mathfrak{P}(\bar{h},\bar{k})) \\ \bar{\varphi}_{02}v^2 &= \bar{\varphi}_{02}\bar{k}^2 + \bar{\varphi}_{03}\bar{k}^3 + \dots &, \quad v &= \bar{k}(1+\mathfrak{P}(\bar{h},\bar{k})) \\ \varphi(x,y) &= \varphi(\xi,\eta) + \bar{\varphi}_{10}u + \bar{\varphi}_{02}v^2. \end{aligned}$$

Die Randkurve von $\mathfrak{B}$, $\bar{h} = 0$ geht damit über in $u = 0$. Da die Funktionaldeterminante $\partial(u,v)/\partial(\bar{h},\bar{k})$ gleich eins ist, können wir nach $\bar{h}$ und $\bar{k}$ auflösen und transformieren analog wie im ersten Teil den Integralbeitrag $I_{\xi\eta}$ auf u und v.

$$(121)\qquad g(x,y)\,dx\,dy = \sum_{\tau,\sigma=0}^{\infty} a_{\tau,\sigma} u^\tau v^\sigma\,du\,dv.$$

Zu integrieren ist jetzt nur über den im Gebiet $\mathfrak{B}$ gelegenen Teilbereich $\bar{\Delta}^*$ des Neutralisatorbereiches Δ^*, welcher auf einer Seite durch $u = 0$ begrenzt wird. Wir wählen den Neutralisator wieder entsprechend (106), so daß also $\bar{\Delta}^* \equiv \{0 \leqslant u \leqslant \delta^*,\ -\delta^* \leqslant v \leqslant \delta^*\}$ und erhalten die asymptotische Entwicklung analog wie im vorangegangenen Falle.

$$(122)\quad \begin{aligned} I_{\xi\eta} &= e^{-p\varphi(\xi,\eta)} \sum_{\tau,\sigma=0}^{\infty} a_{\tau,\sigma} \int_0^{\delta^*} N_0^*(u)\, u^\tau e^{-p\bar{\varphi}_{10}u}\,du \int_{-\delta^*}^{\delta^*} N_0^*(v) \\ &\qquad \cdot v^\sigma e^{-p\bar{\varphi}_{02}v^2}\,dv \\ &\approx e^{-p\varphi(\xi,\eta)} \sum_{\tau,\sigma=0}^{\infty} a_{\tau,\sigma} \left(\frac{1}{\bar{\varphi}_{10}p}\right)^{\tau+1} \\ &\qquad \cdot \Gamma(\tau+1)\,\frac{1+(-1)^\sigma}{2} \left(\frac{1}{\bar{\varphi}_{02}p}\right)^{\frac{\sigma+1}{2}} \Gamma\left(\frac{\sigma+1}{2}\right). \end{aligned}$$

Fall a:

(123) $$I_{\xi\eta} \approx e^{-i\varkappa\varphi(\xi,\eta)} \frac{\sqrt{\pi}\, e^{\mp i\frac{\pi}{4}}}{\overline{\varphi}_{10}\sqrt{|\overline{\varphi}_{02}|\varkappa}} \sum_{n=0}^{\infty} A_n \left(\frac{1}{i\varkappa}\right)^{n+1}$$

mit $\mp i$ entsprechend $\overline{\varphi}_{02} \gtrless 0$,

Fall b:

(124) $$I_{\xi\eta} \approx \frac{\sqrt{\pi}}{\overline{\varphi}_{10}\sqrt{\overline{\varphi}_{02}p}} \sum_{n=0}^{\infty} A_n \left(\frac{1}{p}\right)^{n+1}, \quad \overline{\varphi}_{10} > 0, \ \overline{\varphi}_{02} > 0.$$

(125) $$A_n = \sum_{\nu=0}^{n} a_{\nu,2(n-\nu)} \frac{\nu!\,(n-\nu)!!}{\overline{\varphi}_{10}^{\nu}(2\overline{\varphi}_{02})^{n-\nu}}.$$

Auch hier können wir den indirekten Entwicklungsweg einschlagen. Es folgt dann in analoger Weise wie S. 37f. für die A_n der Ausdruck:

(126) $$A_n = \sum_{\tau=0}^{2n} \sum_{s+r=n+\tau} \frac{s!\,r!!}{\overline{\varphi}_{10}^{s}(2\overline{\varphi}_{02})^{r}} \sum_{\substack{\sigma=0\ldots s\\ \varrho=0\ldots 2r\\ 2\sigma+\varrho\geqq 3\tau}} \overline{g}_{s-\sigma,2r-\varrho}\, \overline{\Phi}_{\tau,\sigma,\varrho}\Big|_{\gamma_{02}=\mathring{\delta}}.$$

(127) $$\overline{\Phi}_{\tau,\sigma,\varrho} = (-1)^{\tau} \sum_{\substack{\gamma_{20}+\gamma_{11}+\ldots\ \gamma_{0,\sigma+\varrho}=\tau\\ 2\gamma_{20}+1\gamma_{11}+\ldots\ 0\gamma_{0,\sigma+\varrho}=\sigma\\ 0\gamma_{20}+1\gamma_{11}+\ldots(\sigma+\varrho)\gamma_{0,\sigma+\varrho}=\varrho}} \frac{\overline{\varphi}_{20}^{\gamma_{20}}\,\overline{\varphi}_{11}^{\gamma_{11}}\cdots\overline{\varphi}_{0,\sigma+\varrho}^{\gamma_{0,\sigma+\varrho}}}{\gamma_{20}!\,\gamma_{11}!\cdots\gamma_{0,\sigma+\varrho}!},$$

wobei $\overline{\varphi}_{\nu\mu}$ und $\overline{g}_{\nu\mu}$ die Entwicklungskoeffizienten von $\varphi(x,y)$ und $g(x,y)$ nach den in (118) eingeführten $\overline{h}$ und $\overline{k}$ sind.

3. Kritische Punkte dritter Art (Eckpunkte):

Die Randkurve sei in der Umgebung des Eckpunktes dargestellt durch die entwickelbaren Funktionen:

(128) $$f(x,y) = 0, \quad \hat{f}(x,y) = 0 \quad \text{mit} \quad \begin{vmatrix} f_x & f_y \\ \hat{f}_x & \hat{f}_y \end{vmatrix} \neq 0,$$

d. h. der kritische Punkt dritter Art ist ein eigentlicher Eckpunkt mit unstetiger Tangente. Weiterhin gelte:

$$(129) \qquad \begin{vmatrix} f_x & f_y \\ \varphi_x & \varphi_y \end{vmatrix} \neq 0, \qquad \begin{vmatrix} \hat{f}_x & \hat{f}_y \\ \varphi_x & \varphi_y \end{vmatrix} \neq 0,$$

d. h. der Eckpunkt ist ein eigentlicher kritischer Punkt dritter Art, er fällt nicht mit einem Punkt erster oder zweiter Art zusammen.

Wir transformieren affin entsprechend dem Schema (95), wobei jetzt:

$$(130) \qquad a\hat{f}_x + c\hat{f}_y = 0, \quad b f_x + d f_y = 0$$

und so normiert sei, daß $\operatorname{sig} f_h(\xi,\eta) = \operatorname{sig} f(x,y)$ und $\operatorname{sig} \hat{f}_k(\xi,\eta) = \operatorname{sig} \hat{f}(x,y)$ für x, y innerhalb $\mathfrak{B}$, d. h. die positiven h- und k-Achsen zeigen vom Eckpunkt in die beiden Richtungen der geknickten Randkurve.

Die Entwicklungen nach h und k lauten dann:

$$(131) \qquad \begin{aligned} f(x,y) &= f_{10} h + f_{20} h^2 + f_{11} hk + f_{02} k^2 \ldots \\ \hat{f}(x,y) &= \hat{f}_{01} k + \hat{f}_{20} h^2 + \hat{f}_{11} hk + \hat{f}_{02} k^2 \ldots \\ \varphi(x,y) &= \varphi(\xi,\eta) + \varphi_{10} h + \varphi_{01} k + \varphi_{20} h^2 \ldots \\ &\text{wobei } \varphi_{10} \neq 0, \quad \varphi_{01} \neq 0 \quad \text{wegen (129).} \end{aligned}$$

Machen wir die Randkurve zu Koordinatenlinien $\bar{h} = 0$ und $\bar{k} = 0$

$$(132) \qquad \begin{aligned} f_{10} \bar{h} &= f_{10} h + f_{20} h^2 + f_{11} hk + f_{02} k^2 \ldots \\ \hat{f}_{01} \bar{k} &= \hat{f}_{01} k + \hat{f}_{20} h^2 + \hat{f}_{11} hk + \hat{f}_{02} k^2 \ldots \end{aligned}$$

und transformieren $\varphi(x,y)$ auf $\bar{h}$ und $\bar{k}$:

$$(133) \quad \varphi(x,y) = \varphi(\xi,\eta) + \bar{\varphi}_{10} \bar{h} + \bar{\varphi}_{01} \bar{k} + \bar{\varphi}_{20} \bar{h}^2 + \bar{\varphi}_{11} \bar{h}\bar{k} + \bar{\varphi}_{02} \bar{k}^2 \ldots$$

Zerlegen wir (133) in zwei symmetrische Teilreihen und führen die neuen Variablen u und v ein.

$$(134) \qquad \begin{aligned} \bar{\varphi}_{10} u &= \bar{\varphi}_{10} \bar{h} + \bar{\varphi}_{20} \bar{h}^2 + \frac{1}{2} \bar{\varphi}_{11} \bar{h}\bar{k} + \bar{\varphi}_{30} \bar{h}^3 \ldots \\ \bar{\varphi}_{01} v &= \bar{\varphi}_{01} \bar{k} + \bar{\varphi}_{02} \bar{k}^2 + \frac{1}{2} \bar{\varphi}_{11} \bar{h}\bar{k} + \bar{\varphi}_{03} \bar{k}^3 \ldots \end{aligned}$$

$$(135) \qquad \varphi(x,y) = \varphi(\xi,\eta) + \bar{\varphi}_{10} u + \bar{\varphi}_{01} v .$$

Die Randkurve geht dann in die Koordinatenlinien $u=0,\ v \geqslant 0$ und $v=0,\ u \geqslant 0$ über. Die Berechnung des Integralanteils $I_{\xi\eta}$ erfolgt nun genau wie in den vorangegangenen Fällen. Der Integrationsbereich $\bar{\Delta}^*$ wird aber hier $\{0 \leqslant u \leqslant \delta^*,\ 0 \leqslant v \leqslant \delta^*\}$.

Mit den Koeffizienten $a_{\nu,\mu}$ aus

$$(136)\qquad g(x,y)\,dx\,dy = \sum_{\substack{\nu=0\\ \mu=0\ldots\nu}}^{\infty} a_{\mu,\nu-\mu}\, u^{\mu} v^{\nu-\mu}\, du\, dv$$

ergeben sich so die asymptotischen Entwicklungen:

$$(137)\qquad \begin{aligned} I_{\xi\eta} &= \iint\limits_{\bar{\Delta}_{\xi\eta}} N_{\xi\eta}(x,y)\, g(x,y)\, e^{-p\varphi(x,y)}\, dx\, dy \\ &= e^{-p\varphi(\xi,\eta)} \sum_{\substack{\nu=0\\ \mu=0\ldots\nu}}^{\infty} a_{\mu,\nu-\mu} \int_0^{\delta^*} N_0^*(u)\, u^{\mu}\, e^{-p\bar{\varphi}_{10}u}\, du \int_0^{\delta^*} N_0^*(u)\, v^{\nu-\mu} \\ &\qquad\qquad \cdot e^{-p\bar{\varphi}_{01}v}\, dv. \end{aligned}$$

$$(138)\qquad \textit{Fall a: } I_{\xi\eta} \approx e^{-i\varkappa\varphi(\xi,\eta)} \frac{1}{\bar{\varphi}_{10}\,\bar{\varphi}_{01}} \sum_{n=0}^{\infty} A_n \left(\frac{1}{i\varkappa}\right)^{n+2},$$

$$(139)\qquad \textit{Fall b: } I_{\xi\eta} \approx \frac{1}{\bar{\varphi}_{10}\,\bar{\varphi}_{01}} \sum_{n=0}^{\infty} A_n \left(\frac{1}{p}\right)^{n+2}, \quad \bar{\varphi}_{10} > 0,\ \ \bar{\varphi}_{01} > 0,$$

$$(140)\qquad A_n = \sum_{\nu=0}^{n} a_{\nu,n-\nu} \frac{\nu!\,(n-\nu)!}{\bar{\varphi}_{10}^{\,\nu}\,\bar{\varphi}_{01}^{\,n-\nu}}.$$

Das indirekte Entwicklungsverfahren liefert für die A_n den Ausdruck:

$$(141)\qquad A_n = \sum_{\tau=0}^{n} \sum_{s+r=n+\tau} \frac{s!\,r!}{\bar{\varphi}_{10}^{\,s}\,\bar{\varphi}_{01}^{\,r}} \sum_{\substack{\sigma=0\ldots s\\ \varrho=0\ldots r\\ \sigma+\varrho\leqslant 2\tau}} \bar{g}_{s-\sigma,r-\varrho}\, \bar{\Phi}_{\tau,\sigma,\varrho},$$

wobei $\bar{\Phi}_{\tau,\sigma,\varrho}$ entsprechend (127) zu bilden ist, und die $\bar{\varphi}_{\nu,\mu}$ und $\bar{g}_{\nu,\mu}$ die Entwicklungskoeffizienten von $\varphi(x,y)$ und $g(x,y)$ nach den in (132) eingeführten $\bar{h}$ und $\bar{k}$ sind.

Damit sind die Anteile der drei Arten kritischer Punkte an der asymptotischen Näherung des Integrals (79) unter normalen Voraussetzungen berechnet. Es können nun aber mannigfache Sonderfälle eintreten, welche eine gesonderte Behandlung analog unseren Ausführungen erfordern. Wir wollen dies für zwei wichtige Fälle durchführen.

4. Kritische Doppelpunkte erster Art:

$$\text{(142)} \qquad \text{mit} \quad \varphi_{xx}\,\varphi_{yy}-\varphi_{xy}^2=0\,, \quad \varphi_{hh}\neq 0\,, \quad \varphi_{kkk}\neq 0\,,$$

wobei h und k wieder durch die affine Transformation (95) mit (96) eingeführt seien. Wegen (142) verschwindet mit φ_{hk} auch φ_{kk} und wir erhalten:

$$\text{(143)} \quad \varphi(x,y)=\varphi(\xi,\eta)+\varphi_{20}h^2+\varphi_{30}h^3+\varphi_{21}h^2k+\varphi_{03}k^3\ldots$$

Dabei ist die affine Transformation noch so gewählt worden, daß auch φ_{12} verschwindet, was stets möglich ist. Denn wäre $\varphi_{12}\neq 0$, so könnte man dieses Glied durch eine weitere affine Transformation anullieren.

$$\text{(144)} \qquad \begin{aligned} h&=\bar h \\ k&=-\frac{\varphi_{12}}{3\varphi_{03}}\bar h+\bar k\,, \quad \varphi_{03}\neq 0 \text{ nach Voraussetzung.}\end{aligned}$$

Zur Einführung der neuen Variablen u und v spalten wir Reihe (143) wieder in zwei Teilreihen auf.

$$\text{(145)} \qquad \begin{aligned} \varphi_{20}u^2&=\varphi_{20}h^2+\varphi_{30}h^3+\varphi_{21}h^2k+\varphi_{40}h^4\ldots \\ \varphi_{03}v^3&=\varphi_{03}k^3+\varphi_{13}hk^3+\varphi_{04}k^4\ldots \end{aligned}$$

$$\varphi(x,y)=\varphi(\xi,\eta)+\varphi_{20}u^2+\varphi_{03}v^3.$$

u und v selbst werden dann dargestellt durch

$$\text{(146)} \qquad u=h(1+\mathfrak{P}(h,k))\,, \qquad v=k(1+\mathfrak{P}(h,k))$$

und man kann nach h und k auflösen:

$$\text{(147)} \qquad h=u(1+\mathfrak{P}(u,v))\,, \qquad k=v(1+\mathfrak{P}(u,v))\,.$$

Die Transformation des Teilintegrals auf u und v und seine asymptotische Entwicklung kann dann genau wie im ersten Teil erfolgen.

$$g(x,y)\,dx\,dy = \sum_{\tau,\sigma=0}^{\infty} a_{\tau,\sigma}\, u^{\tau} v^{\sigma}\, du\, dv\,, \tag{148}$$

$$I_{\xi\eta} = e^{-p\varphi(\xi,\eta)} \sum_{\tau,\sigma=0}^{\infty} a_{\tau,\sigma} \int_{-\delta^*}^{\delta^*} N_0^*(u)\, u^{\tau}\, e^{-p\varphi_{20}u^2}\, du \int_{-\delta^*}^{\delta^*} N_0^*(v)\, v^{\sigma} \cdot e^{-p\varphi_{03}v^3}\, dv. \tag{149}$$

Fall a:

$$\begin{aligned} I_{\xi\eta} \approx e^{-i\varkappa\varphi(\xi,\eta)} \sum_{\tau,\sigma=0}^{\infty} a_{\tau,\sigma} \frac{1+(-1)^{\tau}}{2} \left(\frac{e^{\mp i\frac{\pi}{2}}}{\varkappa|\varphi_{20}|}\right)^{\frac{\tau+1}{2}} \Gamma\left(\frac{\tau+1}{2}\right) \\ \cdot \frac{1}{3}\left[\left(\frac{e^{\mp i\frac{\pi}{2}}}{\varkappa|\varphi_{03}|}\right)^{\frac{\sigma+1}{3}} + (-1)^{\sigma}\left(\frac{e^{\mp(-i)\frac{\pi}{2}}}{\varkappa|\varphi_{03}|}\right)^{\frac{\sigma+1}{3}}\right] \Gamma\left(\frac{\sigma+1}{3}\right). \end{aligned} \tag{150}$$

$$I_{\xi\eta} \approx e^{-i\varkappa\varphi(\xi,\eta)} \frac{2e^{\mp i\frac{\pi}{4}}}{3\sqrt{|\varphi_{20}|}} \sqrt{\pi} \left(\frac{1}{k}\right)^{\frac{5}{6}} \sum_{n=0}^{\infty} A_n \left(\frac{1}{\varkappa}\right)^{\frac{n}{3}}. \tag{151}$$

$$A_n = \sum_{3\tau+\sigma=n} a_{2\tau,\sigma} \frac{\tau!!\,\Gamma\left(\frac{\sigma+1}{3}\right)}{(2i\varphi_{20})^{\tau}\,|\varphi_{03}|^{\frac{\sigma+1}{3}}} \left\{\begin{matrix} \cos\frac{\pi}{6}(\sigma+1) \\ \mp i\sin\frac{\pi}{6}(\sigma+1) \end{matrix}\right\} \tag{152}$$

Oder auch hier die A_n nach dem indirekten Verfahren berechnet:

$$A_n = \sum_{\tau=0}^{2n} \sum_{3s+r=3\tau+n} \frac{s!!\,\Gamma\left(\frac{r+1}{3}\right)}{(2i\varphi_{20})^{s}\,|\varphi_{03}|^{\frac{r+1}{3}}} \left\{\begin{matrix} \cos\frac{\pi}{6}(r+1) \\ \mp i\sin\frac{\pi}{6}(r+1) \end{matrix}\right\} \sum_{\substack{\sigma=0\ldots 2s \\ \varrho=0\ldots r \\ 3\sigma+2\varrho\geqq 7\tau}} g_{2s-\sigma,\,r-\varrho}\, \Phi_{\tau,\sigma,\varrho}\Big|_{\gamma_{03}=0}. \tag{153}$$

$\Phi_{\tau,\sigma,\varrho}$ ist nach (112) zu bilden, $\varphi_{\nu,\mu}$ und $\varphi_{\nu,\mu}$ sind die Entwicklungskoeffizienten von $\varphi(x,y)$ und $g(x,y)$ nach h und k (143).

In beiden Ausdrücken ist $\mp i\frac{\pi}{4}$ bzw. $\mp i\sin\frac{\pi}{6}(r+1)$ entsprechend $\varphi_{20}\gtrless 0$ bzw. $\varphi_{03}\gtrless 0$ zu nehmen und cosinus bzw. sinus, falls r oder σ gerade bzw. ungerade sind.

Fall b entfällt wegen $\varphi(x,y)\geqslant 0$, $\varphi(\xi,\eta)=0$.

5. Kritische Punkte erster Art auf dem Rand:

(154) $$\text{mit}\quad \varphi_{xx}\,\varphi_{yy}-\varphi_{xy}^2\neq 0.$$

Falls $\varphi_{xx}\,\varphi_{yy}-\varphi_{xy}^2<0$, so darf die Randkurve in $P_{\xi\eta}$ nicht in Richtung einer Asymptote der Indikatrix

(155) $$\varphi_{xx}(x-\xi)^2+2\varphi_{xy}(x-\xi)(y-\eta)+\varphi_{yy}(y-\eta)^2=\text{const.}$$

fallen.

Wir transformieren nach (95) mit (96) affin auf die Koordinaten h und k, bringen damit φ_{hk} zum Verschwinden und können weiterhin erreichen, daß $f_k=0$ wird und $\operatorname{sig} f_h(\xi,\eta)=\operatorname{sig} f(x,y)$ für x,y innerhalb $\mathfrak{B}$ ist, d. h. die positive h-Achse soll in das Innere von $\mathfrak{B}$ zeigen.

Die Entwicklungen von $\varphi(x,y)$ und $f(x,y)$ lauten also dann:

(156) $$\begin{aligned}\varphi(x,y)&=\varphi(\xi,\eta)+\varphi_{20}h^2+\varphi_{02}k^2+\varphi_{30}h^3\ldots\\ f(x,y)&=f_{10}h\quad+f_{20}h^2+f_{11}hk+f_{02}k^2\ldots\end{aligned}$$

Denn wäre zunächst noch $f_k\neq 0$, $f_h\neq 0$, so führen wir eine weitere affine Transformation durch,

(157) $$\begin{aligned}h&=\hat a\hat h+\hat b\hat k\\ k&=\hat c\hat h+\hat d\hat k\end{aligned},\qquad \begin{vmatrix}\hat a & \hat b\\ \hat c & \hat d\end{vmatrix}=1,$$

welche das gemischte quadratische Glied der Entwicklung von $\varphi(x,y)$ Null läßt,

(158) $$\hat a\hat b\,\varphi_{20}+\hat c\hat d\,\varphi_{02}=0,$$

aber zusätzlich $f_{\hat{k}}$ zum Verschwinden bringt.

(159) $$\hat{b} f_{10} + \hat{d} f_{01} = 0.$$

Eine solche Transformationsmatrix läßt sich sofort angeben:

(160) $$\begin{pmatrix} \hat{a} & \hat{b} \\ \hat{c} & \hat{d} \end{pmatrix} = \frac{1}{D} \begin{pmatrix} f_{10}\,\varphi_{02} & -f_{01} \\ f_{01}\,\varphi_{20} & f_{10} \end{pmatrix}$$

$$\text{mit} \quad D = f_{10}^2\,\varphi_{02} + f_{01}^2\,\varphi_{20} \neq 0.$$

$D \neq 0$ ist im Falle $\operatorname{sig} \varphi_{02} = \operatorname{sig} \varphi_{20}$ von selbst erfüllt, im Falle $\operatorname{sig} \varphi_{02} = -\operatorname{sig} \varphi_{20}$ besagt $D \neq 0$ gerade die oben gemachte Voraussetzung über die Richtung der Randkurve. Wir können nun die Randkurve wieder zur Koordinatenlinie $\bar{h} = 0$ machen

(161) $$f_{10}\bar{h} = f_{10} h + f_{20} h^2 + f_{11} h k + f_{02} k^2 \ldots, \qquad \bar{k} = k,$$

nach h und k auflösen und in (153) einsetzen:

(162) $$\varphi(x,y) = \varphi(\xi,\eta) + \bar{\varphi}_{20}\bar{h}^2 + \bar{\varphi}_{02}\bar{k}^2 + \bar{\varphi}_{30}\bar{h}^3 + \ldots$$

Zur Einführung der Koordinaten u und v spalten wir (159) in zwei symmetrische Teilreihen auf.

(163) $$\begin{aligned} \bar{\varphi}_{20} u^2 &= \bar{\varphi}_{20}\bar{h}^2 + \bar{\varphi}_{30}\bar{h}^3 + \bar{\varphi}_{21}\bar{h}^2\bar{k} + \bar{\varphi}_{40}\bar{h}^4 \ldots \\ \bar{\varphi}_{02} v^2 &= \bar{\varphi}_{02}\bar{k}^2 + \bar{\varphi}_{03}\bar{k}^3 + \bar{\varphi}_{12}\bar{k}^2\bar{h} + \bar{\varphi}_{04}\bar{k}^4 \ldots \\ \varphi(x,y) &= \varphi(\xi,\eta) + \bar{\varphi}_{20} u^2 + \bar{\varphi}_{02} v^2. \end{aligned}$$

Die Randkurve geht dadurch über in $u = 0$. Die Berechnung des Integralanteils $I_{\xi\eta}$ erfolgt wie in den vorangegangenen Fällen, der Integrationsbereich $\bar{\Delta}^*$ wird hier $\{0 \leq u \leq \delta^*,\ \delta^* \leq v \leq \delta^*\}$.

Mit den Koeffizienten $a_{r\sigma}$ aus

(164) $$g(x,y)\,dx\,dy = \sum_{r,\sigma=0}^{\infty} a_{r,\sigma}\, u^r v^\sigma\, du\, dv$$

ergeben sich die asymptotischen Entwicklungen für $I_{\xi\eta}$.

(165) $$I_{\xi\eta} = e^{-p\varphi(\xi,\eta)} \sum_{r,\sigma=0}^{\infty} a_{r,\sigma} \int_0^{\delta^*} N_0^*(u)\, u^r\, e^{-p\bar{\varphi}_{20}u^2}\, du \int_{-\delta^*}^{+\delta^*} N_0^*(u)\, v^\sigma \cdot e^{-p\bar{\varphi}_{02}v^2}\, dv.$$

Fall a:

$$I_{\xi\eta} \approx e^{-i\varkappa\varphi(\xi,\eta)} \sum_{\tau,\sigma=0}^{\infty} a_{\tau,\sigma} \frac{1}{2} \left(\frac{e^{\mp i\frac{\pi}{2}}}{\varkappa|\overline{\varphi}_{20}|}\right)^{\frac{\tau+1}{2}} \Gamma\left(\frac{\tau+1}{2}\right) \cdot \frac{1+(-1)^\sigma}{2} \left(\frac{e^{\mp i\frac{\pi}{2}}}{\varkappa|\overline{\varphi}_{02}|}\right)^{\frac{\sigma+1}{2}} \Gamma\left(\frac{\sigma+1}{2}\right). \tag{166}$$

$$I_{\xi\eta} \approx e^{-i\varkappa\varphi(\xi,\eta)} \frac{e^{\mp i\frac{\pi}{4}}}{\sqrt{|\overline{\varphi}_{02}|}} \frac{\sqrt{\pi}}{2\varkappa} \sum_{n=0}^{\infty} A_n \left(\frac{1}{\varkappa}\right)^{\frac{n}{2}}, \tag{167}$$

$$A_n = \sum_{\tau+2\sigma=n} a_{\tau,2\sigma} \frac{\sigma!!}{(2i\overline{\varphi}_{02})^\sigma} \left\{ \begin{matrix} \dfrac{e^{\mp i\frac{\pi}{4}}}{\sqrt{|\overline{\varphi}_{20}|}} \dfrac{\sqrt{\pi}\left(\frac{\tau}{2}\right)!!}{(2i\overline{\varphi}_{20})^{\tau/2}} \\ \left(\dfrac{1}{i\overline{\varphi}_{20}}\right)^{\frac{\tau+1}{2}} \left(\dfrac{\tau-1}{2}\right)! \end{matrix} \right\}, \tag{168}$$

mit $\mp i\frac{\pi}{4}$ entsprechend $\overline{\varphi}_{02} \gtrless 0$ bzw. $\overline{\varphi}_{20} \gtrless 0$.

Fall b:

$$I_{\xi\eta} = \sqrt{\frac{\pi}{\overline{\varphi}_{02}}} \frac{1}{2p} \sum_{n=0}^{\infty} \left(\frac{1}{p}\right)^{\frac{n}{2}} \sum_{\tau+2\sigma=n} a_{\tau,2\sigma} \frac{\sigma!!}{(2\overline{\varphi}_{02})^\sigma} \cdot \left\{ \begin{matrix} \sqrt{\dfrac{\pi}{\overline{\varphi}_{20}}} \dfrac{\left(\frac{\tau}{2}\right)!!}{(2\overline{\varphi}_{20})^{\tau/2}} \\ \left(\dfrac{1}{\overline{\varphi}_{20}}\right)^{\frac{\tau+1}{2}} \left(\dfrac{\tau-1}{2}\right)! \end{matrix} \right\}, \tag{169}$$

wobei $\varphi(\xi,\eta) = 0$, $\overline{\varphi}_{20} > 0$, $\overline{\varphi}_{02} > 0$.

In den geschweiften Klammern ist der obere Ausdruck für gerade, der untere für ungerade τ zu nehmen.

Den sich aus dem indirekten Entwicklungsverfahren ergebenden Ausdruck wollen wir nur für den Fall a aufschreiben, im Fall b ist er ganz analog.

$$
A_n = \sum_{\tau=0}^{n} \sum_{s+2r=n+2\tau} \frac{r!!}{(2i\overline{\varphi}_{02})^r}
\tag{170}
$$

$$
\left\{ \begin{matrix} \dfrac{e^{\mp i \frac{\pi}{4}}}{\sqrt{|\overline{\varphi}_{20}|}} \dfrac{\sqrt{\pi}\left(\frac{s}{2}\right)!!}{(2i\overline{\varphi}_{20})^{\tau/2}} \\ \left(\dfrac{1}{i\overline{\varphi}_{20}}\right)^{\frac{s+1}{2}} \left(\dfrac{s-1}{2}\right)! \end{matrix} \right\} \sum_{\substack{\sigma=0\dots s \\ \varrho=0\dots 2r \\ \sigma+\varrho \geqq 3\tau}} \overline{g}_{s-\sigma, 2r-\varrho} \, \Phi_{\tau,\sigma,\varrho},
$$

mit $\mp i$ entsprechend $\overline{\varphi}_{20} \gtrless 0$.

Die $\Phi_{\tau,\sigma,\varrho}$ sind nach (112) zu berechnen, dabei sind aber $\overline{\varphi}_{\nu,\mu}$, die Entwicklungskoeffizienten von $\varphi(x, y)$ nach $\overline{h}$ und $\overline{k}$ (161) einzusetzen. Das gleiche gilt für $\overline{g}_{\nu,\mu}$. In der geschweiften Klammer steht der obere Ausdruck für gerade, der untere für ungerade s.

BERICHTE ÜBER DIE VERHANDLUNGEN DER SÄCHSISCHEN AKADEMIE DER WISSENSCHAFTEN ZU LEIPZIG

MATHEMATISCH-NATURWISSENSCHAFTLICHE KLASSE

Band 97

Heft 1 Prof. Dr. ERICH STRACK / Beobachtungen über den endogenen Anteil des Kot-Stickstoffs
24 Seiten — 8° — 1949 — DM 2,50 — vergriffen

Heft 2 Prof. Dr. ERNST HÖLDER / Über die Variationsprinzipe der Mechanik der Kontinua
13 Seiten — 8° — 1950 — DM 2,75 — vergriffen

Heft 3 Dr. H. GERSTNER / Dr. H. BAARK / Dr. H. GRAUL / Der Wechselstromwiderstand der Froschhaut 25 Seiten — 8° — 1950 — DM 2,75

Heft 4 Prof. Dr. HERBERT BECKERT / Existenz- und Eindeutigkeitsbeweise für das Differenzenverfahren zur Lösung des Anfangswertproblems, des gemischten Anfangs-Randwert- und des charakteristischen Problems einer hyperbolischen Differentialgleichung zweiter Ordnung mit zwei unabhängigen Variablen 42 Seiten — 8° — 1950 — DM 9,—

Heft 5 Prof. Dr. HERBERT BECKERT / Über quasilineare hyperbolische Systeme partieller Differentialgleichungen erster Ordnung mit zwei unabhängigen Variablen. Das Anfangswertproblem, die gemischte Anfangs-Randwertaufgabe, das charakteristische Problem
68 Seiten — 8° — 1950 — DM 14,50 — vergriffen

Heft 6 Prof. Dr.-Ing. ENNO HEIDEBROEK / Das Verhalten von zähen Flüssigkeiten, insbesondere Schmierflüssigkeiten, in engen Spalten
40 Seiten — 24 Abbildungen — 8° — 1952 — DM 5,80 — Nachdruck

Heft 7 Prof. Dr. HANS SCHUBERT / Über eine lineare Integrodifferentialgleichung mit Zusatzkern 52 Seiten — 8° — 1950 — DM 9,25 — vergriffen

Heft 8 Dipl. phys. HELMAR KRUPP / Bestimmung der allgemeinen Lösung der Schrödinger Gleichung für Coulomb-Potential 28 Seiten — 8° — 1950 — DM 5,50 — vergriffen

Band 98

Heft 1 Prof. Dr. WALTER SCHNEE / Über magische Quadrate und lineare Gitterpunktprobleme
48 Seiten — 8° — 1951 — DM 4,65 — vergriffen

Heft 2 Prof. Dr.-Ing. ENNO HEIDEBROEK / Über die Beziehungen zwischen Schmierung und Verschleiß bei geschmierter Gleitreibung
36 Seiten — 5 Abbildungen — 8° — 1954 — DM 2,75 — Nachdruck

Heft 3 Prof. Dipl.-Berging. KARL KEGEL / Der Salzstock Mirowo bei Provadia in Bulgarien
26 Seiten — 9 Abbildungen — 8° — 1951 — DM 3,— — vergriffen

Heft 4 Prof. Dr. HERBERT BECKERT / Prof. Dr. HANS SALIÉ / Bemerkungen über die Verbiegung hyperbolisch gekrümmter Flächenstücke / Über Abels Verallgemeinerung der binomischen Formel 22 Seiten — 2 Abbildungen — 8° — 1951 — DM 2,25

Heft 5 Prof. Dr ERICH STRACK / Die Dauerinfusion als Verfahren zur Erforschung des Kohlenhydratstoffwechsels des Tierkörpers 20 Seiten — 8° — 1952 — DM 2,—

Band 99

Heft 1 Prof. Dr. HEINRICH BRANDT / Über das quadratische Reziprozitätsgesetz
18 Seiten — 8° — 1951 — DM 1,90 — vergriffen

Heft 2 Prof. Dr. GEORG SPACKELER / Der Gebirgsdruck und seine Beherrschung durch den Bergmann 36 Seiten — 12 Abbildungen — 8° — 1951 — DM 1,65 — vergriffen

Heft 3 Prof. Dr. ERNST DIEPSCHLAG / Die Anwendbarkeit der Regelungstechnik in der Hüttenindustrie 38 Seiten — 12 Abbildungen — 8° — 1952 — DM 3,90

Heft 4 Prof. Dr. ALBERT FROMME / Die Bedeutung der Entwicklungsgeschichte, besonders des Mesenchyms für die Klinik 24 Seiten — 8° — 1952 — DM 1,75 — vergriffen

Heft 5 Dr. ROBERT BÖKER / Die Entstehung der Sternsphäre Arats
68 Seiten — 4 Abbildungen — 2 Ausschlagtafeln — 3 Tabellen — 8° — 1952 — DM 5,60

Band 100

Heft 1 Prof. Dr. HEINRICH BRANDT / Über Stammfaktoren bei ternären quadratischen Formen
24 Seiten — 8° — 1952 — DM 2,25

Heft 2 Dr. PAUL GÜNTHER / Zur Gültigkeit des Huygens'schen Prinzips bei partiellen Differentialgleichungen vom normalen hyperbolischen Typus
43 Seiten — 8° — 1952 — DM 5,—

Heft 3 Dr. ALFRED MÜLLER / Die Schaubarkeit in der Axonometrie
22 Seiten — 3 Ausschlagtafeln — 8° — 1952 — DM 3,—

Heft 4 Prof. Dr.-Ing. ENNO HEIDEBROEK / Die Beziehungen zwischen Härte, Schmierung und Verschleißfestigkeit 40 Seiten — 10 Abbildungen — 8° — 1954 — DM 3,40 — Nachdruck

Heft 5 Prof. Dr. ROBERT SCHRÖDER / Frauenheilkunde in Forschung und Praxis
22 Seiten — 8° — 1952 — DM 1,35

Heft 6 Dr. ROLF REISSIG / Die pandiagonalen Quadrate vierter Ordnung
54 Seiten — 8° — 1952 — DM 5,—

Heft 7 Prof. Dr. MAX ROBITZSCH / Die Erforschung der Atmosphäre, ihre Methodik und ihre Probleme 30 Seiten — 12 Abbildungen — 4 Kunstdrucktafeln — 8° — 1953 — DM 2,50

Band 101

Heft 1 Prof. Dr. KURT SCHWABE / Periodische Erscheinungen bei der anodischen Auflösung des Zinks 33 Seiten — 14 Abbildungen — 8° — 1954 — DM 3,—

Heft 2 Dr. UDO PIRL / Positive Lösungen einer nichtlinearen Integralgleichung
44 Seiten — 2 Abbildungen — 8° — 1953 — DM 4,—

Heft 3 Dr. JOACHIM FOCKE / Asymptotische Entwicklungen mittels der Methode der stationären Phase (vorliegendes Heft)

Heft 4 Prof. Dr. HANS SALIÉ / Zur Verteilung natürlicher Zahlen auf elementfremde Klassen
26 Seiten — 8° — 1954 — DM 2,50

Heft 5 Prof. Dr.-Ing. ENNO HEIDEBROEK / Die Verantwortlichkeit des Ingenieurs
22 Seiten — 8° — 1954 — DM 1,—

Heft 6 Prof. Dr. HANS SCHUBERT / Dr. ERICH SCHINCKE / Zur Ermittlung von Unterschallströmungen mit der Transformationsmethode bei quadratischer Approximation der Adiabate
32 Seiten — 6 Abbildungen — 2 Tabellen — 8° — 1955 — DM 2,30

Heft 7 Dr. HELMUT SCHAEFER / Neue Existenzsätze in der Theorie nichtlinearer Integralgleichungen 40 Seiten — 8° — 1955 — DM 2,40

Band 102

Heft 1 Dr. PAUL GÜNTHER / Über einige spezielle Probleme aus der Theorie der linearen partiellen Differentialgleichungen zweiter Ordnung 50 Seiten — 8° — 1957 — DM 4,60

Bestellungen an eine Buchhandlung erbeten

AKADEMIE-VERLAG · BERLIN W 8

FSC
www.fsc.org
MIX
Papier | Fördert
gute Waldnutzung
FSC® C083411

Zeitfracht Medien GmbH
Ferdinand-Jühlke-Straße 7
99095 Erfurt, Deutschland
produktsicherheit@kolibri360.de